ビジネス課題の発見と解決を導く

データ分析 成功の セオリー

Theory for Success in Data Analytics

リックテレコム

ご案内

●読者フォローアップ情報

　本書の刊行後に記載内容の補足や更新が必要となった場合には、下記に「読者フォローアップ情報」として資料を掲示する場合があります。必要に応じ参照してください。

https://www.ric.co.jp/pdfs/contents/pdfs/1439_support.pdf

●正誤表

　本書の記載内容には万全を期しておりますが、万一重大な誤り等が見つかった場合は、弊社リックテレコムの正誤表サイトに掲示致します。アクセス先URLは本書奥付（最終ページ）の左下をご覧ください。

はじめに

　筆者（河合）個人の話とIT業界の話から始めますが、しばらくご容赦ください。

　筆者の社会人としてのキャリアは、システムエンジニア（SE）からスタートしました。とあるECサイトの開発と運用保守を担うWebエンジニアとなり、ときにはシステム障害を解決してお客様に感謝され、ときにはバグを出して叱責を受けたりといった普通のSEでした。

　当時、Webサイトのアプリケーションは、StrutsとSpringを組み合わせて構築するのが一般的でした。デファクトスタンダード（事実上の標準）と言われたこの2つのフレームワークをしっかり習得しておけば、Webエンジニアとして困らないだろうと思い、一生懸命勉強したものです。

　しかし、時間の流れとともにStruts1系はサポート停止になり、Springはバージョンが上がって、筆者の知識は通用しなくなってしまいました。「これまでの必死の努力はいったい何だったのか」とむなしい気持ちになる一方、上司からは「SEたるものは日々勉強だ」とも言われました。

　しかし、会社の中でのポジションが上がり、俗にいう上流工程、すなわち要件定義や外部設計を担うようになるなかで、「個々の技術は進化したとしても、どのプロジェクトでも共通して使える知見がありそうだ」とも気付きました。プロジェクトマネージャーを担うなかでは、日本プロジェクトマネジメント協会（PMAJ）が提唱している「プログラム＆プロジェクトマネジメント（P2M）」の技法は、IT業界にとどまらず建設業界にも適用できることを知りました。「どうやら業界横断で使える知見というのもありそうだ」と気付いたのです。

　そんなある日、ひょんなことから「データ分析とAIをやらないか」との声がかかりました。以前から、個人的に心理学（日本心理学会認定心理士の資格保有者です！）や脳科学、人類学に興味があり勉強していたのと、何より「ビッグデータやAI、データサイエンティストは面白そう。いつか携わってみたい」と、裏でちょっとずつ勉強していたこともあり、「ぜひやりたい！」と手を挙げました。

こうして飛び込んだ世界で勉強していくうちに、あることに気付きました。データ分析というのは、人類が誕生してから常に行ってきた普遍的な知的活動なのではないかと。本で読んだ一説によりますと、洞窟の古代壁画は周辺の地図を表していたのかもしれないそうです。「その辺りには凶暴な肉食獣がいるので行くな」とか、「この辺りには豊富な果実があった」など、過去の経験知を地図上に残したものではないかという説です。

また（これは本文中でも述べますが）、江戸時代の越中富山の薬売りの懸場帳（かけばちょう）、昭和の豆腐の行商、1800年代の米国海軍の海図などなど、いずれも情報を溜めて分析し、有効活用しようという点で共通しているように思えます。すなわち、時代や地域による技術の違いはあっても、データを分析して有益な示唆を得るという本質は、変わることのない人類共通の英知なのでは、と思えるのです。

筆者はビジネスマンのひとりに過ぎませんが、無数の人々の経験知や工夫の積み重ねがあったからこそ、今日、野獣に襲われたり食料を求めて何キロも歩き回ったりする必要もなく、ゆとりのある生活を送れているのだと思います。そうした人類の営みを引き継ぎ、筆者自身少しでも将来の人々に何か残せたら…と思い、筆をとりました。データ活用により、皆さんの生活やビジネスがブラッシュアップされるよう祈っています。

本書の性格と特徴

● 読者対象

本書は以下のような方々に向け、ビジネスシーンでのデータ分析について述べています。

- データ活用案件を任されたチームリーダー
- 分析を依頼されたけれど、何から始めていいか分からない方
- Pythonや機械学習を学んだものの、分析案件の成果をうまく上げられない分析担当者
- クライアントと分析担当者をつなぐビジネストランスレーターになりたい方
- データサイエンティスト協会が示す「ビジネス力」を強化したいデータサイエンティスト

なお、以下の方々は対象外です。

- 研究機関等で学術的な分析を担う方
- データ分析に必要なプログラミングやツールの使い方を覚えたい方

● 本書執筆の目的と意義

2000 〜 2010年代のビッグデータブームや第3次AIブームといった技術的視点での流行に続き、2021年辺りからはDXによる課題解決がテーマとなるなど、ビジネス的視点でデータ分析が注目されています。また、かつて大量データの分析やAI開発には、高度な技術スキルや高価なハード／ソフトが必要でしたが、近年では新たな技術やツール類の誕生とクラウドの発達により、データ分析のハードルは格段に下がってきました。

こうした分析技術のコモディティ化のなかで、新たに顕在化してきたニーズがあります。それは、事業現場などのビジネス部門と、技術的視点が高いデータサイエンティストを橋渡しするスキルであり、そのスキルを持った人材「ビジネストランスレーター」です。つまり、個々のビジネス課題をデータ分析による解決へとつなぐ能力が希求されているのです。

その需要が高いことは、以下の2点からもわかります。

① データ分析案件やAI案件の失敗事例が増えており、失敗原因のアンケートを見ると、「ビジネス課題が不明確なまま進めてしまった」が最も大きなウェイトを占めている。

② データサイエンティスト協会による「企業が求めるデータサイエンティスト像」として、「ビジネス課題解決を得意とする人、データ分析の活用を戦略的に考えられる人」などが上位に挙げられている。

こうした傾向は、著者の身辺にも感じられます。相対しているお客様から相談を受けるのですが、何をどのような手法と手順で分析すべきかを具体的に依頼すれば素早く手を動かせるけれど、単に「分析してほしい」と伝えただけでは、何から手を付けていいのか考えつかないメンバーも多い、というのです。また、そもそもデータ分析のスキルとは、機械学習のアルゴリズムをいくつも覚えたり、Kaggleのように精度を追求したりすること"だけ"だと誤解している人もたくさんいます。

上記のようなニーズの一方で、データサイエンティスト育成講座や書籍のほとんどは、Pythonプログラミング等に重点を置いており、ビジネスとデータ分析を結び付ける技術はあまり述べられていません。また、Web媒体には、これらの一部要素に触れた記事やコラムが見られますが、体系的にまとめたものは見当たりません。そもそも必要とされているスキルがなんとか法やなんとか値といったキーワードで表せる個別の技術要素ではないので、検索キーワードがわからず、Webでの情報収集は困難です。本書の執筆および刊行の動機はそこにあります。

● 本書のゴール設定

本書を読み終える頃には、次のようなスキルを獲得できるはずです。

・業務課題を踏まえて、データ分析の具体的なプロセスを設計できるようになる

- ・データ分析をビジネス課題解決のツールとして使えるようになる
- ・データ活用のアイデアを出せるようになる
- ・データ分析を依頼された際に、自ら分析方針を立てることができるようになる
- ・クライアントが納得できる分析結果を出せるようになる

● 執筆上の工夫

抽象的な話題だけでなく、具体例も挙げることでイメージしやすいよう工夫しました。逆に具体例やユースケースに終始せず、パターン化・抽象化された解説を通じ、汎用的なスキルを習得できます。

実際のビジネス現場の分析案件から得た経験知を盛り込みました。大学や研修サービス機関の講座や教科書には登場しない実践的なエッセンスも含めました。

その他、紙幅には限りがあるので、各節の内容について「もっと深く知りたい・学びたい」という方へのガイドとして、各節ごとに推奨書籍1冊（または1サイト）を紹介するコラムを設けました。

● 本書の読み方・使い方

分析プロジェクトの提案や実施を初めて担う方や、「分析がうまくいかない」と感じている方は、最初から順に読み進めることで、データ分析の正しい考え方や心構えを理解できます。

ベテランの方が分析案件で煮詰まった際に、関連するパートを読み直せば打開のきっかけとなるでしょう。

● 本書では扱わないもの

- ・SQL、Pythonプログラミング、Excelの関数やマクロ
- ・AI技術の数学的・学術的な説明や開発手法の詳細
- ・統計学の詳細
- ・分析ツールの使い方

CONTENTS

第1章

データサイエンティストと
「ビジネス力」

Theory for Success in Data Analytics

データ分析の基本的概念

　筆者が本を読むときの目的は、2種のパターンのどちらかです。1つは、その対象について深く知見を得たく、原理原則をじっくり学ぶ場合。もう1つは、仕事で少し行き詰っており、打開の手掛かりや、すぐに使えそうなヒントを得たい場合です。本章はどちらかというと前者であり、データ活用における原理原則を述べていきます。

　「すぐ使えそうな知識が欲しいんだ」という場合は、2章から読んでも構いません。ただし、時間に余裕ができたら、ぜひとも1章に戻って読み返してください。

　さて、本書を読み進めるうえでは、重要な用語の定義や背景、それらに共通する視座をまずは理解する必要があります。最初にそれをいくつか述べていきます。

「分析」とは何か?

　まず、分析とは、そもそもいったい何でしょうか。「名は体を表す」と言われるので、まずは「分析」という言葉を読み解いてみましょう。

　分析の「分」は、文字どおり「分ける」という意味です。一方、「析」の字の成り立ちは、木へんに斤_{おの}であり、木を斧で分かつことを意味します。どちらも「分ける」という行為を表しています。すなわち、分析とは「分けて分けて分けまくること」なのです。

　では、なぜ分けるのでしょうか。それは、分けると「比べることができる」からです。分けなかったらどうなるのか、分けて比べるとどうなるのか、例を見ていきましょう。

　仮に、ある商品の今年度の売上額が100万円だったとしましょう。

図1.1 売上額のグラフ

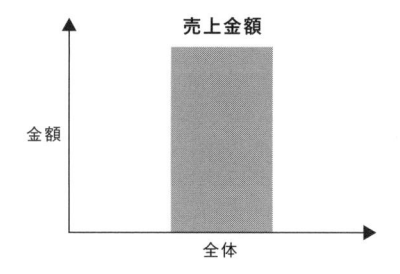

このグラフを見せられただけでは、「ふーん」としかなりません。

次に、これを地域別に"分けて"みたらどうなるでしょう。

図1.2 地域別の売上額

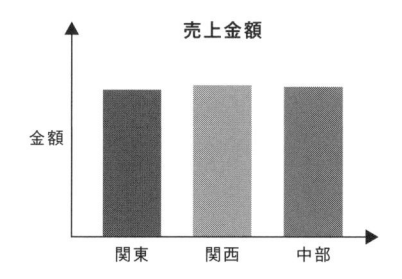

差は見られませんでした。

今度は男女別に"分けて"みましょう。

図1.3 男女別の売上額

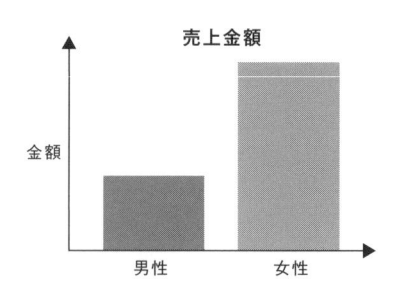

そうすると、男性の売上は 20 万円、女性の売上は 80 万円でした。

このように差が出れば、次のアクションにつなぐヒントが得られます。「売上が低い男性向けプロモーションを強化しよう」（弱いところを補強しよう）、もしくは、「女性にウケがよい商品と分かったので、女性向けプロモーションをもっと強化しよう」（強いところをさらに伸ばそう）と、考える材料となります。どちらを選ぶかはその会社の戦略次第ですが、少なくとも、当てずっぽうにプロモーションを行うよりも、よほど費用対効果が高くなるはずです。

このように、"分けて"そして"比べる"。世の中では、基本的に物事がランダムに動きます[1]ので、先の例の地域別のように、比べても差が出ないことが大半ですが、ときどき先の男女別のように、比べると差が出ることがあります。差が出るということは、その裏に何かしらの理由や原因があるはずで、それを読み解いていくのが分析です。

そして、「分けて比べる」という行為を分かりやすく可視化したのがグラフです。こういう視点でグラフというものを改めて眺めてみると、今までとちょっと違って見えてきますね。なお、縦軸に来る分析対象として興味があるものを「指標」と呼び、横軸に来る「これで比較したら差が出るのでは？」という属性を「切り口」と呼びます。

図1.4　　グラフを改めて眺める

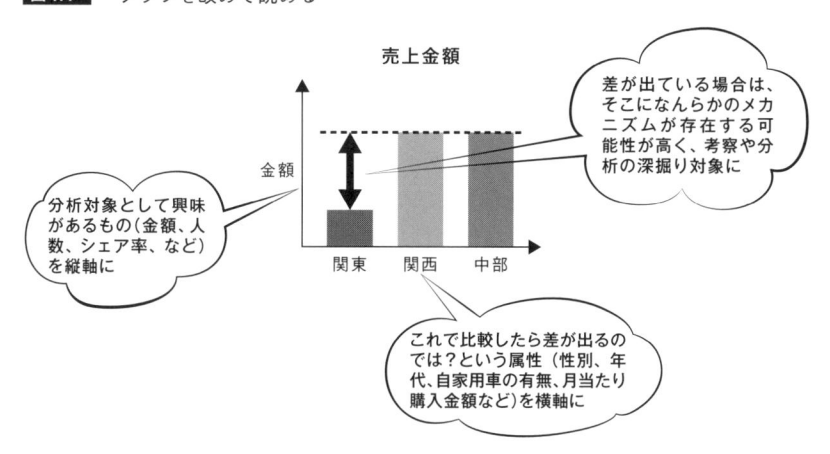

<hr>

*1　例えば社員食堂を考えてみましょう。マクロに見れば毎日大勢の人が利用しますが、ミクロに個々人を見ればその状況は異なります。毎日必ず来る人、たまたま今日だけ来た人、多忙のため昼食抜きの人など様々であり、それが毎日変わります。全体ではそうした違いや変化が相殺されて、日次に分けたとしても「毎日 500 人程度が利用」とほぼ差が出ないことになります。

「データ分析」と「データ活用」

「データ分析」という用語のほかに、「データ利活用」または「データ活用」という用語もよく耳にします。本書では、「データ分析はデータ活用の1要素」とします。どういうことか解説しましょう。

先述したように、分けて比べる、そして差があった場合には、その裏にある何かしらの理由や原因の解釈や考察を行う、これがデータ分析に当たります。

では、なぜ解釈や考察を行うのでしょうか。それは、特にビジネスにおけるデータ分析では常に、次のアクションや意思決定を行うためのインプットとするためです。データ分析に限らずですが、ビジネス活動のアウトプットは、最終的には売上向上やコスト削減、非財務指標の改善のいずれかへ寄与することが求められます。データ分析も例外ではなく、これらのどれかに寄与するために行われますので、データ分析の結果が次の何らかのアクションに使われるのは当たり前です。そして、分析に続く何らかのアクションまで含める場合、本書ではデータ分析ではなく「データ活用」という語を用います。

また、詳細は次章で述べますが、もう1点重要な論点は、「手元にあるデータを使って何か分析したい」という、よくある要望の扱い方です。そうした要望を真に受けて、分析をそのまま進めてしまうと、多くはうまくいきません。なぜなら、データ分析に適した形でデータが蓄積されてはいないことが多いからです。データ活用を行いたい場合には、この点を見据えて、「そもそもどのようなデータを収集し蓄積していくべきか」という「データ取得の設計」から行います。

こうしたことから本書では、分析や次のアクションに生かせるようにデータを取得し、取得したデータを分析し、分析結果を基に次のアクションにつなげるまで、この一連の流れを「データ活用」と定義することにします。

なお、近しい言葉に「集計」という語もあります。「分析では、差が出たところの解釈や考察を行う」と先に述べました。この解釈や考察を行う手前の、データの統計量を割り出したりグラフで可視化したりするところまでを、本書では「集計」と定義しています。

よく、「データ分析をやった」と言いつつ、解釈や考察はせずに、グラフを作っただけで終えてしまう人がいます。グラフを作っただけでは絶対に次のアクションにはつ

ながりませんので、ビジネス上では何の価値もありません。集計にとどめず、データ分析さらにはデータ活用にまで進めることをぜひ心掛けてください。

　また、データ分析を社外に依頼した結果、集計だけで終えてくる会社もあります。ぜひ、本書の用語定義に基づいて、大量データを扱うのが大変なのでグラフで可視化してほしいだけ（考察や解釈は自社で行う）なのか、データ分析にまで踏み込んで行ってほしいのか、しっかりと伝えるとよいでしょう。

図1.5　　集計とデータ分析の違い

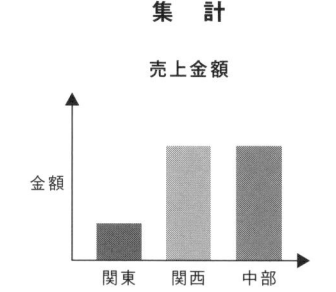
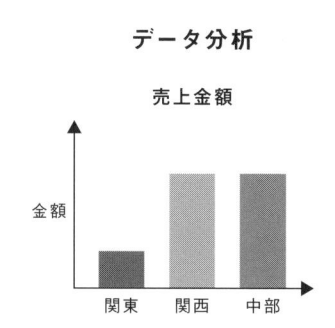

ということで、用語の定義をまとめると、次のようになります。

集計……………… データの統計量を割り出したりグラフで可視化したりすること
データ分析…… 分けて比べて、差があるところの理由について解釈や考察を行う
データ活用…… データ分析の解釈や考察を基に、次のアクションにつなげる

図1.6 各用語の違い

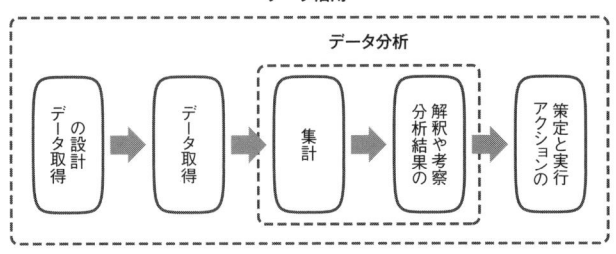

注：上記はあくまで本書での定義であり、用語の定義は人によって異なる場合があります。定義としてどれが正しいのかはさほど重要ではなく、それよりも重要なことは、プロセスを細分化するとこのようになり、どの部分の話をしているのかその違いを明確に意識したうえでコミュニケーションがとれるようになることです。

データ分析はKKDの対義語？

よく、データ分析やAIの話題と一緒に話に挙がるのがKKD、すなわち「勘(K)と経験(K)と度胸(D)」です。データ分析やAIに頼らず、自分自身の勘と経験と度胸、つまりは直感や感性で仕事を進めるという立場です。そして、今日のビジネスにおいては「KKDではダメ、データ分析・AIが正義」といったように、あたかも両者が対義語であるかのような論調で語る方もいます。

しかし先に結論を言うと、本書のスタンスは異なります。KKDを高度化したものがデータ分析・AIであり、すなわち「データ分析・AIはKKDの上位互換である」と、一旦定義しておきます。

これを理解するために、まずはデータ分析やAI (本節では機械学習のことを指します) が裏で何をやっているのかを読み解いていきましょう。AIには、ご存じのとおり大量のデータが必要です。そして、そのデータを何らかのロジックにあてはめて結果を出す、これがAIです。

1つ例を挙げると、一番簡単なのが線形回帰です。最小二乗法と呼ばれるとおり、予測線と各データのずれの距離の二乗の和が最小になるように線を引くというロジックです。これで気温とアイスキャンデーの売上の関係を予測したりします。

図1.7　線形回帰によるアイスキャンデーの売上予測

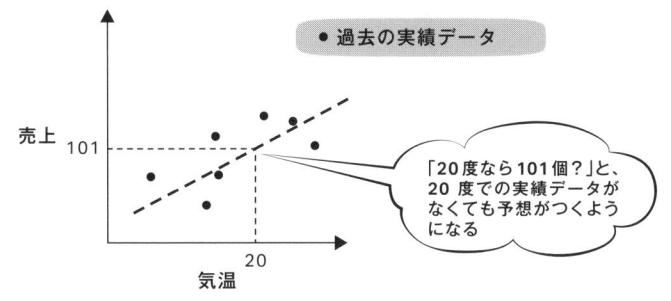

ただし、気温とアイスの売上の関係は、本当は直線ではないかもしれません。ですので、もっと予測精度が上がるように、両者の関係を表す予測線を曲線で描く高度なAIロジックも多々存在します。しかし、データを何らかのロジックに当てはめて、予測線などの結果をアウトプットするという、やっていることの本質は線形回帰と変わりません。このことからも、AIの必須要素はデータとロジックであると言えます。

では、KKDはどうでしょうか。経験とは、自分がこれまで体験して得てきた知見、言うなればデータなわけです。具体的には、「気温が高くなるほどアイスが売れるな」、「気温が低いとアイスの売れ行きは悪化するな」、「でも、冬でも0個にはならず一定数は必ず売れるな」など、体験してきた記憶の蓄積です。そして勘とは、「気温が高いと売れる、低いと売れ行きは悪化する、ならば気温と売上には相関関係があるのではないか」という推測、言うなればロジックなのです。

摂氏30度で187個、25度で154個、13度で46個という過去の経験があったときに、「明日の予報は20度だけど、具体的には何個なの？（154個よりは少なくて、46個よりは多いだろう、というのは分かるけど）」というのを、人間がパッと頭の中で正確に判断するのは厳しいです。AIはそこを「○○個！」と算出してくれます。確かに勘と経験はAIよりも精度が低いかもしれませんが、やっていることの本質はAIと同じなのです。ということで、「KKDの上位互換がデータ分析やAIである」ということを理解できたと思います。

そして最後に、度胸とはいったいなんでしょうか。これは勘と経験を基に次のアクションを決める、意思決定をするということです。例えば、「明日の予報は20度だから100個アイスを仕入れよう」、「明日は近所で運動会があるから、おにぎりをいつもより多く仕入れておこう」など、判断を下して実行に移すことです。そして実はこれ、デー

タ分析・AIには出てこない要素なのです。KKDだろうがデータ分析・AIだろうが、最後に意思決定をするのはいつも人間なのです。

図1.8 データ分析とKKDの対比

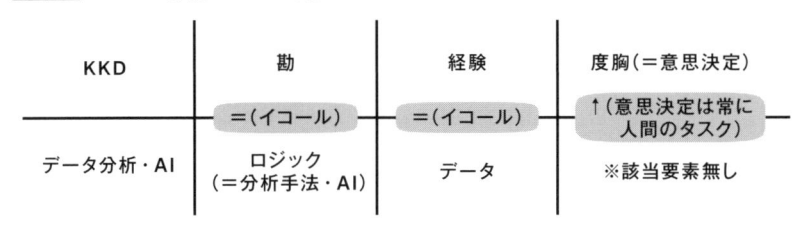

なお、AIのユースケースを勉強した人のなかには、「いやいや、例えば迷惑メール振り分けソフトは、迷惑メールかどうかをAIが判断して、ちゃんと振り分けるというアクションをとってくれているではないか。これはAIが度胸の部分もやってくれているということなのではないか」と思う人もいるでしょう。しかし、迷惑メール振り分けソフトのAIの裏側の仕組みを知れば、「それは違う」とわかるでしょう。AIが裏でやっていることは、迷惑メールかどうかの確率を、0%から100%の間のスコアとして算出しているだけなのです。その確率が何%以上なら迷惑メールフォルダに振り分けるかの閾値は、そのソフトウェアの開発者が判断しています。誤判定するリスクと使い勝手のバランスを考慮して、「えいや！」と度胸で○○%と決めて、そのソフトウェアに固定のルールとして組み込んでいるわけです。

仮に医療診断をするAIであれば、誤判定して病気を見逃すのは致命的なので、この人に病気はないと判定する閾値は99.999%等とかなり高く設定されるでしょう。そこにも、「迷惑メール振り分けソフトよりも高くすべきだ」という人間の判断が入っています。

さて、話を戻しましょう。先ほどは話を分かりやすくするために、「KKDの上位互換がデータ分析・AI」と一旦定義しました。しかし、厳密には上位互換ではなく、「相互補完すべきもの」というのが本書の最終的な見解です。つまり、「データ分析・AIよりもKKDのほうが勝る場合もある」ということです。

データ分析・AIの弱点の1つは、データ化されていない要素は考慮されず、アウトプットに反映されないという点です。例えば、「近所の小学校で運動会がある日はおに

ぎりの売上が突出する」という事実が毎年あったとします。しかし、もし運動会の日付けをデータとしてAIにインプットしていなかった場合、「恐らく今年の運動会の日もおにぎりの売上が突出するだろう」という予測はなされず、普段と同じ日曜日の予測個数しかアウトプットされないでしょう。

また、特徴が類似しているお菓子同士の売上予測では、「"なんとなく"この商品パッケージはイケてないから、あまり売れないのではないか」といったように、うまくデータ化できていない定性情報も使った予測と判断は、まだ人間にしかできません。インプットし忘れた要素や、データ化できていない定性情報はAIでは加味されず、それらを含む総合判断では、まだ人間のほうが勝ると言えます。

そして、データ分析・AIのもう1つの弱点は、アウトプットまでの時間です。データ量の多さとAIロジックの複雑さは日増しに高じていますので、AIが結果を出すのに時間がかかるようにもなってきました。もし、何らかのシステム障害で予測ができなくなった、でも、今すぐに明日の発注量を決めなければならないという際に、全く仕入れなかったら大幅な機会損失になってしまいます。しかし人間であれば、気温30度で187個、25度で154個、13度で46個という情報を見たときに、AIほど精緻には出せませんが、「20度だから100個くらい発注しておけばよいのでは」という、それなりに妥当な数を瞬時に割り出せます。100点満点ではないが及第点の予測を瞬時に出せるのも人間が持つ強みです。

こう考えると、それぞれのメリットとデメリットを踏まえたうえで、KKDとデータ分析・AIを相互補完する形でビジネスに生かしていくのが適切だと思います。これまではKKDで進めていた業務のほうが多いでしょうから、「データ分析・AIを使って、KKDだけでやっていた意思決定の高度化をする」という方針がよさそうです。

図1.9 データ分析とKKDの対比（追加）

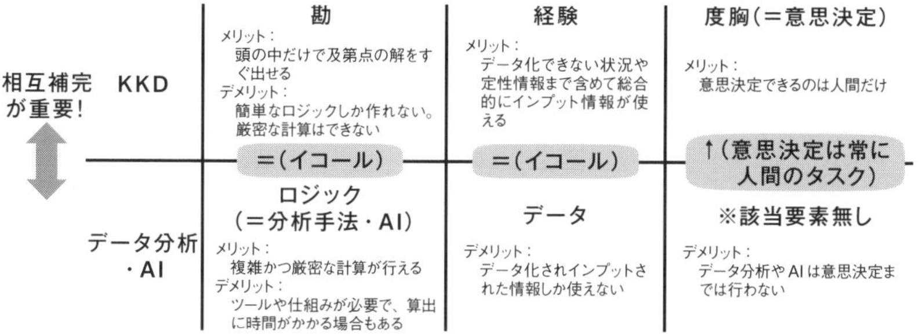

		勘	経験	度胸（＝意思決定）
相互補完が重要！	KKD	メリット：頭の中だけで及第点の解をすぐ出せる デメリット：簡単なロジックしか作れない。厳密な計算はできない	メリット：データ化できない状況や定性情報まで含めて総合的にインプット情報が使える	メリット：意思決定できるのは人間だけ
		＝（イコール）	＝（イコール）	↑（意思決定は常に人間のタスク）
	データ分析・AI	ロジック（＝分析手法・AI） メリット：複雑かつ厳密な計算が行える デメリット：ツールや仕組みが必要で、算出に時間がかかる場合もある	データ デメリット：データ化されインプットされた情報しか使えない	※該当要素無し デメリット：データ分析やAIは意思決定までは行わない

ちなみに蛇足になりますが、昔からデータ分析を徹底しており、データ分析界隈で模範的成功例とされる某メーカー企業があります。しかしその企業では、何をやるにしても、データ分析の結果を示して上申しないと、承認が下りないそうです。先述したように、まだデータ化されていない定性的な要素も含めた総合的な判断が必要な場面や、データ分析をしていては間に合わない緊急場面も少なからずあります。

　ですので、何でもかんでもデータ分析・AIだけというのも考えものです。人はなぜか両極端に走りがちです。KKDとデータ分析・AIの折衷、中庸というかバランスを大事にしたいものです。

AIとデータ分析は同じ？

　データ分析をするにも、AIを適用するにも、当然データが必要です。また、どちらもビジネス上の次のアクションにつながるアウトプットがあります。そしてビッグデータというキーワードがメジャーになってきたタイミングとほぼ時期を同じくして、第三次AIブームが始まりました。これらのことから、「データ分析＝AI」と誤解してしまっている方がときどきいます。しかし本書では、AIはデータ分析の一要素であると捉えています。

　新聞上にビッグデータという用語が登場したのは2011年頃と言われています。一方で、総務省の情報通信白書に「ビッグデータ利活用元年」という見出しが登場したのが2017年です。すなわち、2011年頃から概念は認識されていましたが、多くの企業で活用され始めたのが2017年と言えるでしょう。

　また、2000年代から始まった第三次AIブームですが、ディープラーニング技術によって画像認識コンテストでの精度が劇的に向上し、「ビジネスにも適用できるのでは？」と一気に注目が集まったのが2012年頃からと言われています。つまり、ビッグデータのビジネス活用が定着する前に、AI（機械学習）が注目され始めたと言えます。

　多くの企業がビッグデータの何たるかに追い着けていないうちにビジネスシーンにAIが登場し、そして先述のような共通点から、データ分析と混同されてしまったと考えられます。ただし、ビッグデータとAIには約1年の開きがあるのです。2011年のビッグデータ活用に、AIは使われていなかったという証拠でもあります。このことからも「データ分析＝AI」ではないと分かるでしょう。

　では、AIを使わないビッグデータ利活用とは、例えばどんなものでしょうか。「これ

はうまいな」と、当時筆者が感じたユースケースを1つ紹介します。電車の乗換案内サービスを提供している企業が、到着駅と到着日時の検索結果を集計し、「恐らく駅周辺の混雑度と相関があるだろう」と考察し、混雑予測として公開していたという事例です。ここにAIは使われておらず、検索データを集計しただけです。それでも、それなりの精度が出ており、ビッグデータ活用の好例として紹介されていました。

AI技術が進んだ現在であれば、検索結果以外のデータと組み合わせ、かつ高度なAIを使うことで、より精度の高い混雑予測を出せるでしょう。しかし、ビッグデータ登場以前の状況を考えると、AIを使わないデータ分析だけでも、非常にパワフルで有益な情報が得られると言えるでしょう。

そしてこの事例からもう1つ言えるのは、高精度のAIを作ることよりも大事なものがあるということです。最近はちょっと勉強すれば専門家でなくてもAIを作れるようになりました。そのことが仇となり、AIを使うこと自体が目的化してしまい、ビジネス上のほんの些細な課題にも適用しようとする風潮が見られるのも確かです。しかし、混雑予測のように、AIを使わなくてもインパクトのあるユースケースが作れます。精度が多少AIより劣ってもいいので、ビジネス課題やニーズにフィットしたデータ分析のほうが価値があるということです。

データ分析に必要な「ビジネス力」

以上、データ分析の基本的な概念に触れながら、「データ分析に必要なのは技術力だけではない」ということも、併せて伝わったと思います。データを集計する分析ツール（BIツール[2]とも呼ばれます）やSQLが使えたりするだけでなく、結果の解釈や考察も必要です。高度なAIを作れるだけではなく、ビジネス課題やニーズにフィットしたユースケースを見つけ出せなくてはいけません。データ分析だけでなく、KKDを補完しながらビジネス上の次のアクションにつなげること、すなわち「データ活用」となることが求められます。

これらに共通するスキルを、一般社団法人データサイエンティスト協会（以後DS協会と略）が「データサイエンティスト（本章では以後DSと略）が身に付けるべきスキ

第1章 データサイエンティストと「ビジネス力」

---

*2 BIはビジネスインテリジェンス（Business Intelligence）の略称です。日々蓄積されていく膨大なデータを企業が分析し、その分析結果を経営の意思決定に活用することを意味します。このBIを支援するソフトウェアをBIツールと呼び、TableauやPower BI、Lookerなどの製品が有名です。

ルセット」としてまとめているなかの1つとして「ビジネス力」と呼んでいます。分析ツールの使い方、SQLの書き方、Pythonを用いたAIの作り方等に関しては、書籍や研修コースが巷に溢れています。そうではなく、この「ビジネス力」を身に付けるにはどうすればよいか、どういう心構えを持つべきか、どういうポイントを意識すべきかを、本書では述べていきます。

　次節からは、このような方針で話を進めていきたいと思います。

書籍紹介コラム
『思考・論理・分析
──「正しく考え、正しく分かること」の理論と実践──』
（波頭亮著、産業能率大学出版部刊）

　データ分析を行うには論理的思考が必須と言われます。しかし、論理的思考とはそもそもどういうことを指すのでしょうか。

　この紹介書籍では、第1章で「思考」について理解し、第2章では「論理的」とはどういうことかを理解し、第3章では論理的思考を使って正しい結論を得るための「分析」について、順に論じていきます。知る人ぞ知る良書です。

　高いビルを建てるには、しっかりした基礎工事が必要なように、データ分析を始める際の土台として効いてくる、ぜひ頭に入れておきたい内容がコンパクトに整理され、まとめられています。

DSのスキルと分析プロセス

DS協会のスキルチェックリスト

前節では、データ分析の基本的な概念と、関連用語の定義を示しました。併せて、データ分析を担うDSが身に付けるべきスキルセットとして、DS協会のいうところの「ビジネス力」にも簡単に触れました。この「ビジネス力」とは何かを述べていく前に、DS協会が提唱しているDSのスキルチェックリストを紹介したいと思います。

「データ分析のスキルアップを目指したい」、「デキるDSになりたい」と思ったら、どのようなスキルを身に付けるべきでしょうか。実はDSのスキルと一口に言っても非常に幅広く、指針なく手当たり次第に学習するのは非効率です。なぜなら、網羅性を欠くと最低限必須なスキルが抜けてしまうおそれがあるからです。DSとして活躍するには、他のDSにない自分の強味を作ることももちろん必要です。しかし、自動車運転に喩えると、いくら運転技術がうまくても、交通標識を知らなければNGです。

そこで、DSという職業に求められるスキルセットの洗い出しが、様々な人によって試みられてきました。そのなかで現在有名なのが、DS協会が示しているスキルチェックリストです。このリストは2015年に策定され、時代に合わせ改訂を重ね、2023年現在ver5.0が定義されています[1]。また、このチェックリストをどのように使えばよいのかの概説書も、DS協会とIPA（独立行政法人情報処理推進機構）が協働で発行しているので、併せて確認するのがよいでしょう[2]。

---

[1] 『データサイエンティスト スキルチェックリスト ver.5』
https://www.datascientist.or.jp/news/n-pressrelease/post-1757/

[2] 『データサイエンティストのためのスキルチェックリスト/タスクリスト概説 第二版』
https://www.ipa.go.jp/jinzai/skill-standard/plus-it-ui/itssplus/ps6vr70000001ity-att/000083733.pdf

さて、このチェックリストに挙げられたスキルは全部で650項目と、非常に多岐にわたっています。これらのすべてを1人で身に付けるのは非現実的であり、スーパーマンにしかできません。DS協会もそのように考え、「チームとしてこれらのスキルをカバーすべき」という方針を掲げ、前述の概説書にも示しています。

ここが1つ重要なポイントです。この650項目は最低限身に付けておくべき「必須スキル」とそれ以外に分けられていますので、必須スキルをこのチェックリストでカバーしつつ、発展的なスキルについては、自分がどの方面に強いDSになりたいかを見据えて、選択的に極めていけばよいのです。それができるのは、スキルに対して網羅的かつ現実的な整理がなされているからです。

そして具体的には、大きく3つのスキルセット「ビジネス力」「データサイエンス力」「データエンジニアリング力」に分けられています。基本はまず、3つとも広く浅く押さえつつ、将来的にはどれか1つの領域を極めていくのがよいでしょう。これが基本的な考え方です。では、3つのスキルセットについて少し見ていきます。

図1.10　3つのスキルセット（出典：DS協会）

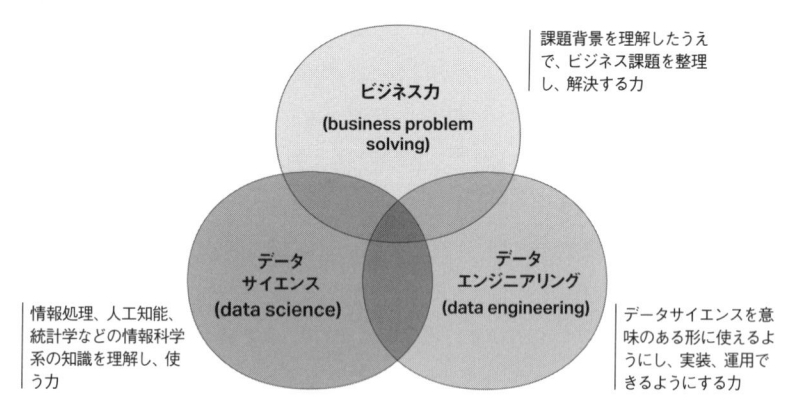

・データエンジニアリング力

まず、データエンジニアリング力は、データベースの設計や運用、SQL、Web関連技術、セキュリティといったように、システムエンジニアのデータベーススペシャリストに近い領域の能力です。もし、この領域に興味を感じるのであれば、IPA主催の情報処理技術者試験のデータベーススペシャリスト試験の勉強をするとよいでしょう。

また、スキル項目としても、「数十万レコードのデータに対する四則演算ができ、数

値データを日時データに変換するなど別のデータ型に変換できる」、あるいは「Web API（REST）やWebサービス（SOAP）などを用いて、必要なデータを提供するシステムの公開インターフェースを設計できる」などと記載されています。具体的に何ができればスキル達成と呼べるのか明確なものが多く、学習しやすい領域でもあります。

・データサイエンス力

データサイエンス力は、機械学習モデルの作り方や統計学の知識、分析の前処理など、DSとして真っ先に思いつくスキルです。そしてこれらは、DS育成講座などと称して、書籍やセミナーが巷に大量に存在していますので、こちらも自身の興味やスキル度合いなどに応じて、最適な書籍やセミナーを適宜見つけて学習するのがよいと思います。

スキル項目も「ROC曲線、AUC(Area Under the Curve)を用いてモデルの精度を評価できる」、「過学習とは何か、それがもたらす問題について説明できる」などと記載されています。これも、具体的に何ができ、理解できていればスキル達成と呼べるのかが分かりやすい領域です。

・ビジネス力

さて、問題は残りの「ビジネス力」です。概説書には、「ビジネス力、データサイエンス力、データエンジニアリング力のどれか1つでも欠けていると、スペシャリストとしての力は発揮できない」と書かれています。にもかかわらず、この領域について意識的に学習してきた方は、どのくらいいるでしょうか。

実は、このビジネス力の学習が進まない理由の1つとして、他の2つの領域と異なり、スキル項目に抽象的な記述が並んでいる点が挙げられます。例えば、「課題や仮説を言語化することの重要性を理解している」、あるいは「分析結果を基に、起きている事象の背景や意味合い（真実）を見抜くことができる」などといった具合です。つまり、具体的にどう学習していけばよいか、何ができるようになればスキル達成と言えるのかが非常に分かりづらい領域なのです。

ですので、セミナーとしても扱いづらいし、ましてや資格試験で測れるようなスキルでもありません。筆者自身、この領域のスキルを身に付けるべくいろんなセミナーや書籍を探してみましたが、ほとんどないというのが実情です。

特に前述のとおり、データ分析にとどまらずデータ活用まで必要とされ、ビジネスと密接に関わる分野となったことから、「機械学習モデルは作れます」というデータサ

イエンス力だけとか、「データベースの設計や運用、操作はできます」というデータエンジニアリング力だけでは通用しません。スキルの説明が抽象的で分かりづらくても、なんとか身に付けなければなりません。

そこで、ビジネス力のスキル項目のすべては網羅できませんが、抽象的な記述の多い「ビジネス力」のところをできる限り読み解き、データ分析やデータ活用に向けて、あるべき態度や考え方、何を勉強すべきかを本書では示していきます。正直、チャレンジングな読み解きでもありますが、ここをないがしろにした結果、ビジネス成果につながらなかったデータ分析プロジェクトやAIプロジェクトは多々あります。少しでもそのようなプロジェクトが減っていくことに寄与できれば、と考えています。

なお、ビジネス力はもう少し細分化されており、「行動規範、契約・権利保護、論理的思考、着想・デザイン、課題の定義、アプローチ設計、データ理解、分析評価、事業への実装、PJマネジメント、組織マネジメント」の11のスキルカテゴリに分類されています。

このなかでPJマネジメントと組織マネジメントは、データ分析に限らない一般的なマネジメントスキルです。例えば、Webシステムの開発や運用保守といった従来のITプロジェクトにも当てはまります。これらの技法については世の中に良書が大量にあるので、そちらに譲ることにします。また、契約・権利保護と行動規範の一部（データ・AI倫理とコンプライアンス）については、法律関連の書籍やWebサイトに譲ることにします。本書では残りのスキルカテゴリを扱っていきます。

図1.11 ビジネス力のスキルカテゴリ（出典：DS協会）

Column

SQLが書けるマーケター

筆者がマーケティング部門向けのデータ分析に携わるなかで、SQLを書けるマーケターに出会ったことがあります。普段はビジネス企画や各種販促施策を検討している方ですが、自らSQLを操作して分析することもあるといいます。

自分で分析する理由は、「こういう観点で分析してみたらどうなるだろうか」と、いろんな仮説やアイデアが次から次へと湧いてくるのだけれど、それを都度データ分析会社に依頼していたのでは、ビジネススピードが落ちるから、とのことでした。

「データの民主化」と呼ばれるように、データ分析が専門家だけのタスクではなくなり、ビジネス面で長けていた人がデータ分析のスキルを身に付け、進出してくる時代になりました。SQLが書ける、BIツールを操作できる、PythonでAIモデルを作れるというだけでは、彼らに太刀打ちできません。逆に件のマーケターのように、ビジネス力に長け、かつ、データサイエンス力もカバーしているといった具合に、複数のスキルセットを身に付けている人は強いです。

データサイエンス力やデータエンジニアリング力のみを身に付けてきた人が、そこにビジネス力のスキルをある程度追加していけば、他のDSから頭一つ抜きん出ることができるでしょう。

データ分析のプロセス

さて、DSのスキルについて概観を見てきましたが、もう一つ知っておくべき基本的な事柄があります。それが、データ分析を構成するプロセスです。

クライアントから「データ分析をやってほしい」と言われたら、皆さんは何から始めるでしょうか。もし、「とりあえずグラフを作ってみる」とか、「データクレンジングからだろう」と思った方は、データ分析のプロセスを学んだほうがよいでしょう。

このデータ分析におけるプロセスのベストプラクティスも、DS協会とIPAがタスクリストとしてきちんと紹介しています[3]。それを見れば分かるとおり、データ分析（データ解析）はPhase3、データクレンジング（データ処理）ですらPhase2です。すなわち、最初に取り組むべきタスクではありません。Phase1としてまず行うべきタスクは、「分

---

[3] 『タスクリスト』
https://www.ipa.go.jp/jinzai/skill-standard/plus-it-ui/itssplus/data_science.html

析企画、分析プロジェクトの立ち上げ、組み込み後の業務設計」です。

　これはマイホームを建てるシーンに喩えると理解しやすいかもしれません。家を建てる時に、いきなり大工さんに「家を作って」と言いに行く人はないでしょう。その前に、家が建ったあとの叶えたい暮らしや、重視したい家の機能、理想の生活像があるはずです。それを設計士と相談しながら、間取りを考え、図面上で試行錯誤します。その設計図を実現すべく、職人や資材の手配、費用、スケジュールを具体化します。そして家が完成した暁の暮らしについて、設計士が具体的イメージを提示してくれるはずです。このプロセスを踏まえてはじめて、段取りよく家が建つのです。

　もし、この工程を割愛したら、どうなるでしょうか。途中まで建てたところで、「やっぱり間取りが気に入らない」と直し始めたら、とんでもないコストがかかります。分析も同じです。いきなり分析から始めるのは、組み込み後の業務設計を見据えずにグラフを作成するようなものです。何の役に立つのかわからないグラフが大量にできるだけで、意味のない作業を延々続けることになりかねません。

　やっている作業が、マイホーム建築のように物理的なモノとして見えないせいで、無駄なコストの発生を実感しづらいですが、分析を行う人の人件費は発生しているはずです。プロセスを無視した分析がいかに無駄なコストを生むか、建築に喩えて想像してください。

　なお、IT業界で上流工程をやってきた方なら、もっとピンとくる言葉があります。そうです、「要件定義」です。システム開発の目的、開発スケジュール、プロジェクト体制、予算見積り、そしてシステムリリース後に業務がどう変わるのかを、要件定義フェーズでは明確に定義し、ドキュメントに記録して関係者全員で合意し共有します。要件定義も外部設計もせずに、いきなりプログラミングから始めたら、プロジェクトが破綻するのは目に見えていますね。データ分析プロジェクトも同じです。したがって、これまで上流工程のSEを務めてきた方はシステム開発での経験を生かし、アドバンテージを持って分析の初期工程を進めることができるでしょう。

　以上、タスクリストの概要を簡単に見てきました。のちの章で各プロセス内のタスクの詳細やポイントに触れますが、データ分析のタスクの前後にも様々なタスクがあることをまずは認識できたと思います。

タスクリストとCRISP-DMの共通点

　さて、DS協会とIPAのタスクリストを紹介してきましたが、実はもっと以前から提唱されてきたデータ分析のプロセスがあります。それがCRISP-DM (CRoss-Industry Standard Process for Data Mining) です。データ分析の先人達が試行錯誤するなかで、データ分析プロセスのベストプラクティスを示すべく、同名のコンソーシアムにて提唱しているものです。

図 1.12　CRISP-DM

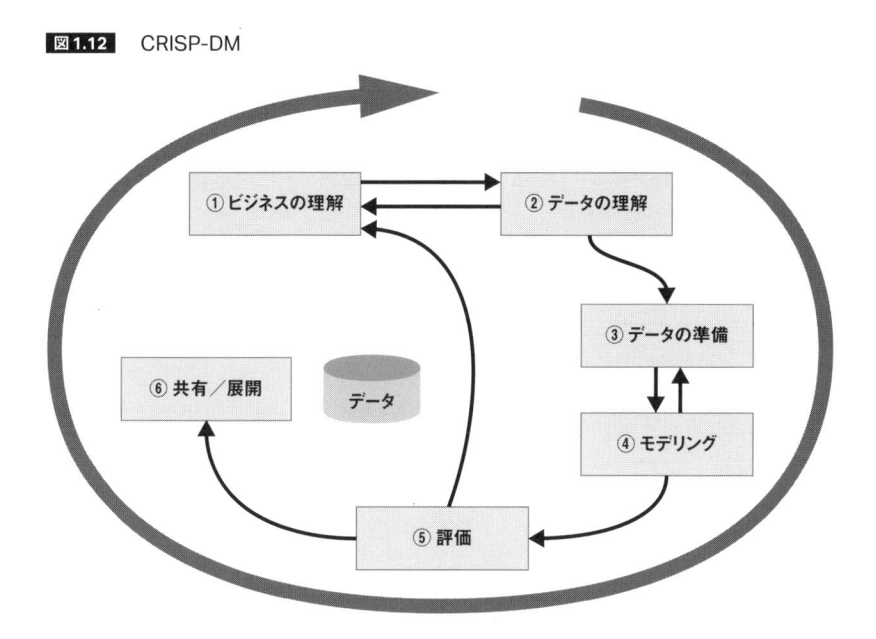

　ここで注目したいのが、「データ理解、データ準備、モデル作成」はそれぞれ②③④となっていて、プロセス上の最初に来ていないことです。一番はじめのプロセスは①の「ビジネスの理解」です。すなわち、やみくもにデータ分析から始めるのではなく、ビジネス上のどういう課題をデータ分析で解きたいか、そしてどう業務に生かしたいかから始めるべき、ということです。先に述べたタスクリストで、分析企画や組み込み後の業務設計が最初に来ていたのと同じなのです。

　もう1つ、この図で着目したいことがあります。プロセスは①から⑥へ流れていきますが、その外に大きい円の矢印があること、すなわち「①から⑥の流れを何度も反復

すべき」とされているのがポイントです。データ分析というと、しばしばデータ分析プロジェクト等と称しスポット業務として行われます。しかしそれは本来の姿ではないのです。

「⑤評価」として、分析結果や作成されたモデルを実ビジネスに適用してみて、効果が出たのかを評価します。そして、うまくいけば、それを継続しつつ、なぜうまくいったのかを考察します。うまくいかなかったら、それを中断して、なぜうまくいかなかったのかを反省し、それらの知見を基にビジネスをブラッシュアップさせる必要があります。それが「⑤評価」から「①ビジネス課題の理解」につながる矢印です。

この分析と効果検証とを何度もぐるぐる回す、これがデータ分析の本来の流れなのです。実はCRISP-DMの矢印ほど目立ちませんが、先のタスクリストにもPhase4からPhase1に戻る矢印が描かれていました。つまりこの点でも、タスクリストとCRISP-DMの共通点があるのです。全くの別団体が作り、それぞれ独自に提唱しているプロセスであるにもかかわらず共通しているということは、これが一種の真実であり、的を射たプロセスであることの証左ではないでしょうか。

分析をぐるぐる回す

この「分析をぐるぐる回す」ということをイメージしにくい方のために、具体例を1つ挙げておきます。

例えば、新規顧客獲得のために、「初回購入に限り30%引きとする」という施策を1カ月間実施したとします。分析の結果、これによる新規顧客獲得は100人でした。これがまずは「ベース値」となります。前述のとおり、分析の基本は比べることですので、比較のための基準となる値が得られたということです。

次に、今度は割引をするのではなく、「特典としてお買い上げ金額の30%相当のポイントを付与する」という施策を1カ月間実施したとします。分析の結果、今度は新規顧客獲得が70人でした。とすると、ポイント付与よりも割引のほうが効果があることが、これだけの単純な分析でも分かります。「今後はポイント付与ではなく割引のほうで対応していこう」という知見が得られました。

そこで今度は、割引率を変えてみます。40%・20%・10%で同じように値引きしてみたとしましょう。すると、40のときが100人、20%のときが100人、10%のときが90人という結果が得られました。この結果から言える示唆は、「実は30%は割引しす

ぎていた」、「20%でも同じ効果が得られる」ということです。つまり、以後は「20%割引を実施すればよい」という知見が得られました。さらに、20%から10%の間で1%刻みで割引を実施し、どこまでなら割引率を下げていいのかの分析と検証をぐるぐる回してもよいでしょう。

「データ活用はスモールスタートが重要」というベストプラクティスの指針も経産省が出しています。上記の例は、高度なAIを使わなくてもできる分析であり、それでも間違いなくビジネスに好影響を与えている分析です。「まずはこうしたところからでよいので、データ活用をやっていきましょう」と提言できるDSになっていきたいものです。

書籍紹介コラム
『イシューからはじめよ』

（安宅和人著、英治出版刊）

一時期有名となった『シン・ニホン』の著者であり、データ×AI関連で数多くの政府委員を務める安宅さんの著書です。しばしば本書はビジネス書のコーナーに置かれますが、紹介書籍の第2章以降はデータ分析を扱っており、「そもそもデータ分析でどういう課題を解くべきか」についても、序章や第1章に必要なノウハウを挙げています。なにより著者は、DS協会の理事・スキル定義委員長も務めており、DS協会のスキルチェックリストには安宅さんの思想が強く反映されていると思われます。

例えば、スキル項目の1つに「本質的な問題（イシュー）ありきで行動できる」とあります。そもそもイシューとは何か、なぜイシューありきで行動すべきなのかは、このチェックリストの項目を見ただけでは理解しづらいですが、その辺りの話をこの本では詳細に述べています。また、「分析の目的を検証すべき項目に分解し、アウトプットとなる比較結果やモデル作成の結果のイメージを描くことができる」などについても、解説しています。

このように、「ビジネス力」の項目における抽象的記載の多くは、この本を読むことで具体的に理解できるでしょう。また、DSのスキルにとどまらず、ビジネス一般に有効な考え方が述べられていますので、そういう意味でもオススメです。「DSとしてのスキルを高めたいが、どれか1冊だけオススメの本を教えてほしい」と言われたとき（そんな1冊だけなどという横着な姿勢ではスキル向上は見込めませんが（笑））、筆者が紹介している2冊中の1冊目が本書です。

1.3

なぜ「ビジネス力」が必要なのか？

データ活用における日本企業の現状

データ分析の基本的概念を紹介しながら、ビジネス力の重要性にも少し触れましたが、本節ではそれらが「なぜ必要なのか？」を詳細に述べていきたいと思います。

まず、ビッグデータをキーワードにしてデータ活用が脚光を浴び始めたのは、2011年頃と言われています。先駆者の成功事例が徐々に各種メディアを賑わしていた時代です。

そして時は2024年、かれこれ10年以上経っていますので、データ活用は相当進展しているはずです。と思いきや、総務省の情報通信白書に「ビッグデータ元年の到来」との見出しが出たのは2017年になってからでした。元年ということは、やっと半数くらいの企業がビッグデータに手を出し始めたくらいの状況でしょうか。正直、「えっ？やっと？」という印象です。

また、第3次AIブームがビジネス的にも世間の耳目を集めるようになったのが2012年頃からです。そこから10年経った2022年の調査（IPA「DX白書2023」）によると、「日本のAIの利活用の状況」において、「AIを導入している」または「現在実証実験（PoC）を行っている」との回答は全体の3割程度にとどまっており、「予定はない」という企業も3分の1にのぼるという状況です。

このように、早々に最先端を突っ走り好例としてニュースになる企業もあれば、ある程度は追随できている企業もあり、そして全くの初心者という企業もあり、データ活用ステージの実情は多岐にわたっているのが現状です。

そんななかで、「最先端のAIが作れます」というスキル一本だけで、データ活用の初心者企業を相手にしても、恐らくAIが成果を上げることはできないでしょう。なぜなら、AIモデルを作る際の大量データを蓄積できているかどうかも怪しいからです。

工事現場に喩えてみましょう。工事の段階によって、必要とされる支援は変わります。初期の基礎工事段階でクレーン車を提供したところで意味がありません。基礎工事に必要なのはブルドーザーの支援でしょう。つまり、物事にはステージや状況に合った支援が必要ということです。ですので、お客様のデータ活用の状況を見極め、「このステージなら今はこの支援が必要だろう」というマッピングや道筋を示せるスキルが求められるのです。

もう1つ、根拠となる調査データを紹介しましょう。経産省が行った調査では、「Excelだけでなく、BIツールなどのデータ分析ソフトを利用している」という回答になります。

図1.13 経産省「デジタルデータの経済的価値の計測と活用の現状に関する調査研究」

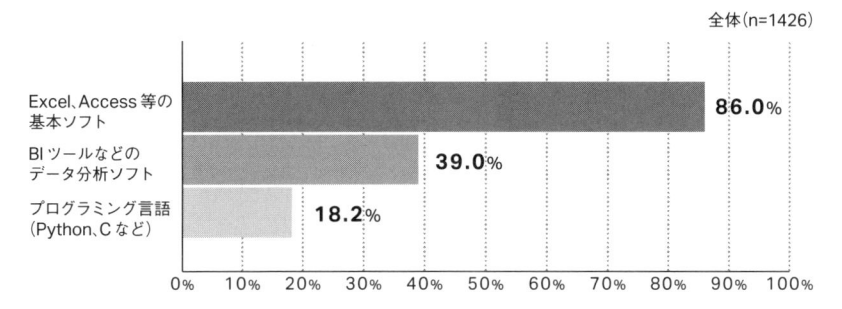

全体(n=1426)

では、このBIツール導入によるビジネスの成果は、いかほどのものでしょうか。BIツール導入企業の中で「能動的に活用できている」という回答は35%にとどまっており、あまり効果的に活用できていない状況がうかがえます。

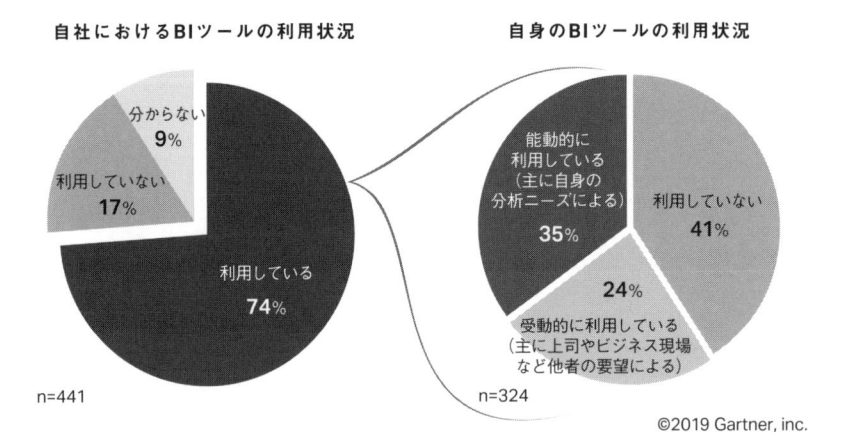

図1.14 ガートナーの調査結果

自社におけるBIツールの利用状況

分からない
9%

利用していない
17%

利用している
74%

n=441

自身のBIツールの利用状況

能動的に
利用している
（主に自身の
分析ニーズによる）
35%

利用していない
41%

24%

受動的に利用している
（主に上司やビジネス現場
など他者の要望による）

n=324

©2019 Gartner, inc.

　なぜ、このようなことになってしまっているのでしょうか。BIツールの機能紹介サイトなどを見ると、ツール自体は非常に機能が豊富であり、ツールの問題ではなさそうです。では、何が足りていないのでしょうか。

　その答えと思われる調査結果があります。DS協会によるアンケートにおいて、「今後3年間で増員したいデータサイエンティストの人材像」に対する回答として多かった上位2つを見ると、「ビジネス課題の解決を得意とする人材」への需要が高いことがうかがい知れます。

図 1.15 DS 協会「データサイエンティストの採用に関するアンケート調査結果」

人材像としては「ビジネス課題解決」「戦略検討」スキルを持つ人材が求められている

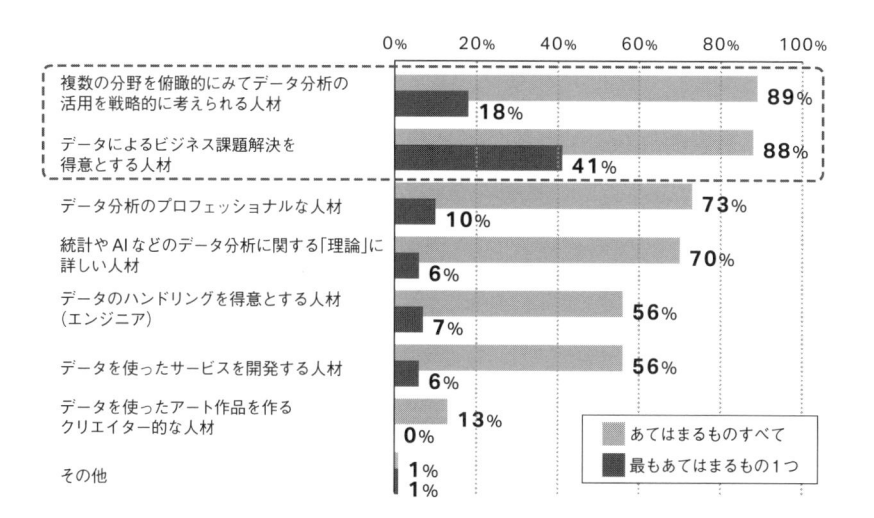

Q. 今後3年間で、貴社が採用・育成したいデータサイエンティストの人材像をお答えください

複数の分野を俯瞰的にみてデータ分析の活用を戦略的に考えられる人材 89% / 18%

データによるビジネス課題解決を得意とする人材 88% / 41%

データ分析のプロフェッショナルな人材 73% / 10%

統計や AI などのデータ分析に関する「理論」に詳しい人材 70% / 6%

データのハンドリングを得意とする人材（エンジニア） 56% / 7%

データを使ったサービスを開発する人材 56% / 6%

データを使ったアート作品を作るクリエイター的な人材 13% / 0%

その他 1% / 1%

あてはまるものすべて／最もあてはまるもの1つ

今後3年間で、データサイエンティストを1人以上増員予定の企業(n=88)

　また、データ分析案件やAI案件の失敗事例も増えており、ある調査結果では、データ活用やAI導入プロジェクトの失敗原因として最も多く挙げられたのは「業務課題が明確でなかった」という理由でした。データ活用やAIの技術ありきとなってしまい、そもそもの導入目的や業務課題が明確でないまま導入を進めてしまっている状況がうかがい知れます。

これらの調査結果から共通して言えるのは、BIツールや高度なAIがあっても、それらを使ってビジネス課題の解決につなぐ部分がうまくいっていないという問題です。この部分が重要視されているけれども、現状ではそれができる人材が不足していることから、ビジネス課題が不明確なまま進む事態になっていると言えるでしょう。

ビジネストランスレーターの必要性

　そこで最近必要性が叫ばれているのが、「ビジネストランスレーター」という役割です（IPAと経産省から示されたデジタルスキル標準[1]では「データビジネスストラテジスト」と呼ばれたりもします）。DSの一種ではあるのですが、言ってしまえば、統計学やAIモデル作成に強いデータサイエンス力を軸としたDSや、データ分析基盤の構築や運用に強いデータエンジニアリング力を軸としたDSではなく、まさにビジネス力を軸としたDSのことです。

　彼らの必要性が叫ばれている理由は、データ分析やAI導入プロジェクトの現場で起こっていることに起因します。経営者や現場部門の責任者・担当者は、自らの企業や部署のビジネス課題をよく知っています。しかしDSではありませんので、データ分析やAIがどういうもので、何を実現できるのかはよく分かっていません。逆に（データサイエンス力を軸とした）DSは、分析手法やAI技術に詳しくても、ビジネス課題を知らないので、AIで解くべきビジネス課題を定義できません。そのため、現場担当者とDSの話が噛み合わず、プロジェクトが適切に進行しないという事態が多々発生している、そのことにやっと世の中が気づき始めたという背景があります。

　そこで、ビジネスの課題や状況に応じた最適なデータ分析手法を選択でき、現場と（データサイエンス力を軸とした）DSの橋渡しをする人材が必要だろうということが、ようやく言われ始めたのです。その役割を担うのがビジネストランスレーターです。すなわち、ビジネス力を身に付けたDSが世の中的に求められており、重宝される時代なのです。

---

[1]　デジタルスキル標準 ver.2
　　https://www.ipa.go.jp/jinzai/skill-standard/dss/ps6vr700000083ki-att/000106872.pdf

ビジネストランスレーターに求められるスキル

では、ビジネストランスレーターとして活躍するためのスキルは、具体的に何でしょうか。求められている役割が、「現場の課題（意思決定者）」と「データの分析手法（データサイエンス力を軸とするDS）」の橋渡しだとすると、以下のスキルが考えられます。

1. 課題定義力：ビジネス現場の課題を聞き出したり理解する力、もしくはデータ分析によって課題を発見する力

これまで述べてきたように、データ分析はやみくもに始めるのではなく、課題から入ることが重要です。ですので、現場担当者にヒアリングしたうえで、課題を定義する必要があります。

ただし、依頼元の担当者によっては「データ分析をやりたい」と、手段が目的になってしまっている人がいるのも事実です。その場合は、「データを分析して課題がある箇所を見つける」というアプローチもあります。

どちらにしろ、まずは課題を定義することが先決であり、そのためのスキルが必要となります。

2. 分析設計力：ビジネス課題をデータサイエンスの分析手法やAIモデル適用に落とし込む（マッピングする）力

課題を定義できたら、それを解決するために最適な分析手法やAIを見極めます。ですので、まずは多くの手法を知っておく必要があります。

その際、ロジスティック回帰やランダムフォレストといった手法そのものも重要ですが、その手法を使うとどういうアウトプットがなされるのか、何を実現できるのかという点を重視して理解しておくことが重要です。様々な課題に対し、最適な手法や分析工程を即座にアサインできるように、頭の中で整理されマッピングされているとベストでしょう。

なお、ビジネス力を軸とするDSは、分析設計ができることが重要なのであって、AIを作成するためのプログラミングなど、実際に手を動かすことは必ずしも得意でなくてもよいと、筆者は考えています。それはデータサイエンス力やデータエンジニアリング力を軸とするDSに任せればよいからです。チームとしてこれらのスキル全般がカ

バーできていればいいのです。もちろん、「その辺りも含めて極めたい」という、意欲の高い人もいるでしょうし、それが理想かもしれません。しかし、時間は有限ですから、選択と集中も必要です。その辺りも意識して、どこまで実装スキルを身に付けるべきか考えるとよいでしょう。

3. データ分析やAIの基本的概念：データサイエンスの分析手法やAI技術は何を実現できるのかの概要の理解

データサイエンスやAIで登場する基本的な概念や用語を知っておく必要があります。例えば、回帰係数や交差検証、正解率、適合率、再現率、F値などです。

先ほど「実際に手を動かすところは別のDSに任せればよい」と述べました。なのになぜ、これらの用語についての理解が必要なのでしょうか。それは橋渡しとして（データサイエンス力を軸とする）DSとも会話しなければならないからです。

現場担当者から聞いた課題をそのままDSに伝えても、分析設計力が未熟なDSだと、適切な分析手法を導出できません。ですので、ビジネストランスレーターが分析手法に落とし込んであげたうえで、データサイエンスやAIの技術用語を使ってDSに伝える必要があります。まさにトランスレーター（翻訳者）ですね。

また、分析結果を聞く機会もあるでしょう。そのとき、DSの語る話を理解できる程度に、技術用語や概念は知っておく必要があります。

4. データリテラシー： 分析結果を正しく読み取る力、分析結果の妥当性をチェックできる力

データ分析の結果として、いろんなグラフが出てきます。その際に、データの読み解きに関するお作法を理解しておかないと、解釈を誤るおそれがあります。そのお作法がデータリテラシーです。

「データ分析は別のDSに任せるのだから、そのようなスキルは不要なのでは？」という話が再燃しそうですが、ビジネストランスレーター自身にもこのスキルは必要です。なぜなら、今度は分析結果をビジネスの用語にトランスレートして、現場担当者に報告する立場だからです。その際に、現場担当者への報告の元ネタをインプットしてくれるDSも人間ですので、データリテラシーのスキルが不足していたり、スキルはあっても勘違いしていたりして、誤った解釈をしている場合があります。DSの報告を鵜呑みにするのではなく、本当に正しいのかを確認できるようにするために、ビジネ

ストランスレーターにもデータリテラシーが必要なのです。

　ときどきデータ分析に知見を持っている現場担当者もいて、誤った解釈の報告を持っていくと鋭い指摘をされることがあります。そうなってしまったらプロとしての立場がありません。ビジネストランスレーターは、分析チームを束ねる責任を負う立場を兼ねることがどうしても多くなりますので、自衛のためにもデータリテラシーは必須のスキルとなるでしょうし、何よりデータ分析のプロとしてしっかり理解しておくべき事柄であると思います。

5. 業務適用への構想力：データ分析にとどまらず、ビジネス課題解決のための業務適用まで含めたデータ活用へと導く力

　データ分析の業務への適用、すなわちデータ活用まで行えることが本来は必要であると、何度も説明してきました。データ分析力だけでなく、データ活用にまで導けるスキルも必要となります。

　以上、ビジネストランスレーターという役割を担う際に必要なスキルを5つ挙げました。2章以降では、これらの詳細を述べていきます。なお、これらのスキルは、どの時代でもどの分野でも上流工程を担う人材が不足していることから、いちど身に付けると重宝されます。ビジネス力の中でも、マインド、論理的思考、課題定義といった本質的な問題解決に必要な思考力は、時代や技術が変化しても陳腐化することないスキルです。そういう意味でも、ぜひ身に付けておくとよいでしょう。

コンピュータ革命からの類推

　本書の「はじめに」で、「筆者の社会人としてのキャリアはSEから」と述べましたが、IT業界に長年携わってきたからこそ気づいた点があります。世の中にコンピュータというものが登場したときに起こったことと、昨今のデータ分析業界界隈で今起こっていることが、実は同じ流れを辿っているな、と感じています。

　世界初の商用コンピュータが誕生したのは1951年のUNIVACでした［筆者の所属企業BIPROGY（旧・日本ユニシス）の源流を遡ると、このUNIVACを開発した米国企業に行き着くので、この辺りの話はよく聞かされます］。

　当時、「商用コンピュータを導入した企業の業績が大幅にアップしている」という噂

が立ち始めると、他社もそれに追い着けで、こぞってコンピュータを導入していったそうです。しかし、成果が得られた企業と、成果を出せず宝の持ち腐れになってしまった企業に分かれたと言います。いったいどこに違いがあったのでしょうか。

　両者の分かれ目は、コンピュータの特徴や得意分野を適切に見極めて、それに合った業務に適用できたかどうかでした。今の時代のIT業界の人であれば、どういう業務にコンピュータ（IT）を適用すべきかは、当たり前の常識になっています。何度も同じ手順を繰り返し、かつ、その手順を明確に定義できることが条件です。そのような業務は、コンピュータ登場前なら人がやるしかありませんでしたが、それをコンピュータに代替させるわけです。

図1.16　　コンピュータによる業務の代替

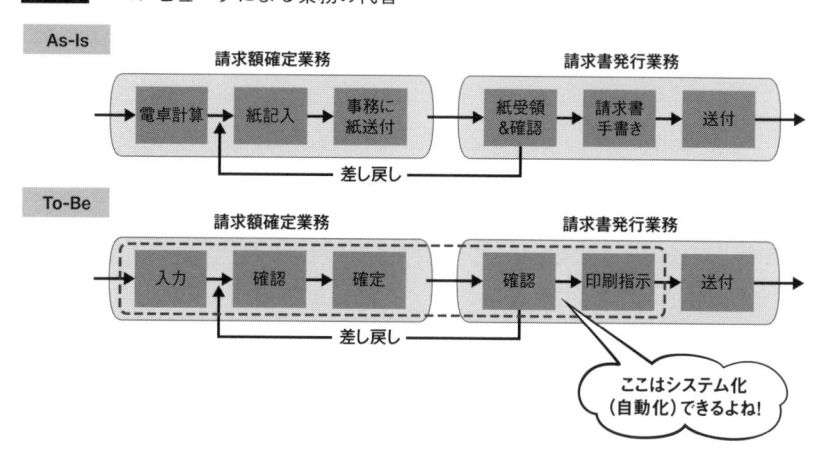

　こうした業務は、コンピュータに任せたほうが人よりも格段に素早く、かつ正確に処理されるので、人件費の削減と、処理品質向上による手戻り削減をもたらし、大幅なコスト圧縮につながります。要は「業務の自動化」です。それが当時のコンピュータ革命の正体であり、成果が出た会社のやり方でした。

　ただし、当時はその適切なユースケースが社会全体としてはまだ十分に理解できておらず、試行錯誤が続いていました。ですので、流行りに乗って「"とりあえず"コンピュータを導入すればいいらしい」と考えた企業は、成果を出せなかったというわけです。

　さて、昨今のデータ分析界隈も同じ状況になっていると、データ分析の第一線で働

いている身としては感じています。「データ分析は利益向上につながる」というのは常識になりつつありますし、実際に定量的な証拠も出始めています。ただし、導入企業は2つに分かれていそうです。一方は、データ分析の特徴や得意分野を適切に見極め、その使いどころをちゃんと理解して成果につないでいる企業。もう一方は流行りに乗って「とりあえずデータ分析を取り入れればいいらしい」と安直に導入している企業（例えば、業務にどう生かせるのかを考えずに、とりあえずデータ分析基盤を作ろう、など）です。

つまり、コンピュータ革命のときと全く同じ状況なわけです。あのときと同様に、適用効果の高いユースケースや業務の見極めこそが肝要と言えるでしょう。

また、同じ流れを辿っているとしたら、コンピュータ革命の後に起こった出来事が、データ分析界隈でもじきに起こると予想されます。すなわち、新技術を使って既存業務を再設計できる人や企業が重宝された、という事実です。今も昔もITシステムの開発では、事前に、既存業務のAs-Is（現状）の洗い出しと、システム完成後にどう業務が改善されるべきかのTo-Be像（あるべき姿）を描きます。その2つに基づいて、業務のどの部分をシステム化するのか、開発範囲を確定させます。

この流れから類推すると、今後、データ分析を軸にして業務を再設計できる人や企業が重宝されるようになると考えられます。ここでも前述のとおり、データ分析やAIについて、効果的な業務適用の構想力を持つことが重要だと言えるでしょう。

そして、データ分析やAIの適用効果を出せる使い道は、次の2パターンであると筆者は考えています。

パターン1：業務の自動化（＝コンピュータ革命の延長）

ある一部のAIの使い道はこちらです。特に画像や音声、言語などの非構造化データを扱う業務の自動化によく活用されます。

一例を挙げましょう。一昔前まで、筆者の会社の食堂では、レジは食堂会社の従業員が担当していました。食器の形や模様ごとに、メニュー内容と価格がマッピングされているので、食べ終わった食器を見てレジ打ちするわけです。

もうお気づきかもしれませんが、この作業は「何度も同じ手順を繰り返し、かつ、手順を明確に定義できる業務」に該当するように見えます。ですので、コンピュータ革命の時代に自動化され、既に無人レジになっていてもよいはずです。なぜ自動化されずに残っていたのでしょうか。

その理由は、食器の見極めがコンピュータには困難だったからです。古い食器が微妙に変色していたり、模様が少し消えていたり、食べカスで汚れていたりするとどのタイプなのかを判別できず、かといって、そうした微妙な違いまで定義しようとしても際限がなく、諦めざるをえませんでした。人間なら、もちろん瞬時に判別できます。ずっと自動化できずにいたのはこのためです。

しかしそこに、画像解析AIの登場によるブレイクスルーが起こりました。実用に支障のない程度に食器の分類を予測できるようになって、レジ打ち業務の完全自動化が実現しました。

この例のように、「何度も同じ手順を繰り返し、かつ、手順を明確に定義でき」そうな業務をまだ人手で行っていたら、そこをAIに置き換えて自動化できる可能性があります。特に画像や音声、言語などを扱う業務に可能性があります。そこに気付けるかどうかが、業務適用への構想力を身に付けるポイントです。

パターン2：意思決定の高度化

データ分析や一部のAIはこちらです。本章の1.2節では、新規顧客獲得のために分析と検証をぐるぐる回し、施策をブラッシュアップしていく例を挙げました。以前は、現場担当者の勘と経験で施策を決めていたかもしれません。データ分析によって、ちゃんとした根拠に基づいた施策を策定できるようになるという点で、データ分析が意思決定を高度化したと言えます。

また、1.1節のアイスの売上予測では、AIによって人間よりも精緻な予測が可能になりました。発注個数を決める業務の精度が改善されたわけですが、これも意思決定の高度化のひとつと言えます。

なお、このユースケースでは、「AIの予測を基に自動発注してしまえばよい、すなわち業務の自動化の方ではないか」と思う人もいるでしょう。しかし前述のとおり、運動会当日の売上突出のようにデータを与えられていないところでは、AIは予測を大きく外します。したがって、AIの予測結果はあくまで意思決定のための情報のひとつにとどめて、人間が他の情報も加味して最終決定を下すのが適切です。そういう意味で、やはり意思決定の高度化に該当すると言えます。

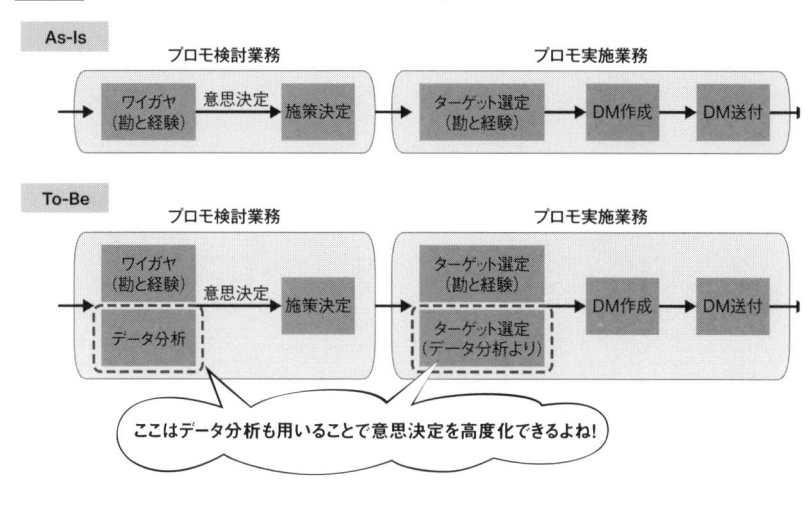

図1.17 データ分析やAIによる意思決定の高度化

以上、データ分析やAIを使って効果が出るパターンは、大きく2つあることを紹介しました。この辺りの業務適用への構想力については後の章で詳細に見ていきますが、まずは概要として、ざっくりこの2パターンがあることを覚えておいてください。

書籍紹介コラム
『会社を変える分析の力』

（河本薫 著、講談社現代新書）

　DS界隈で有名な河本さんの著書です。この著者は大阪ガスでデータ分析組織のリーダーとしてビジネスに成果を残し、今は滋賀大学データサイエンス学部の教授を務めています。

　2013年の発刊当時はまだ、ビッグデータの分析やAIの作成ができさえすれば、十分重宝される技術力重視の時代でした。そんな当時から既に、「データ活用人材」（今でいう「ビジネス力」を持っ

た DS）が重要と見抜き、そのような DS になるための心構えを述べており、非常に先見性のある著作です。

　今回の執筆に際し改めて読んでみましたが、2024 年現在でも十分に通用する有益な知見がまとめられています。「DSとしてのスキルを高めたいが、どれか1冊だけオススメの本を教えてほしい」と言われたときに、筆者が挙げている2冊中のもう1冊です。

ビジネス課題の検出

ビジネスシーンにおける データ分析の心構え

「ビジネスシーンにおける」とは?

本節のタイトルには、殊更「ビジネスシーンにおける」と付け加えました。逆を言えば、ビジネスシーンではないデータ分析もあるということです。そしてそこに、ビジネスシーンにおいてデータ分析というものが誤解され、適切に活用されていない原因があるのではないかとも考えています。そのようなデータ分析の誤解を、まずは解きほぐしていきたいと思います。

まず、データ分析というと、どういうイメージを持っているでしょうか。例えば、こんな感じではないでしょうか。

» 今保有しているデータを使って、新しいビジネスやサービスを創出すること
» 未知の大発見をすること
» AI(機械学習)を使うことである
» t検定やなんとか検定をやって、確からしさを証明しなければならない
» 大量のデータが必要である

確かにこれらもデータ活用の一側面ではあります。ただし、このくらいしかイメージできないようであれば、ビジネスシーンにおけるデータ活用の全体像を捉えきれていないとも言えます。

では、データ分析に対する一般的なイメージが、なぜこんなことになってしまっているのでしょうか。その理由として、最初に分析や統計学に触れるのが、アカデミックな場である大学時代である人が多いからだと思います。大学で分析や統計学を教える教授陣は、学問・学術シーンでデータ分析を行います。具体的には、アカデミックな

法則や新しい知見の発見が分析の主目的になります。そして、科学的な立場に立つので、それが偶然発生した事象ではなく、確からしさの科学的な検証が必要となります。そうしたことを行うための分析手法を大学や研究室では教えるのです。

もちろん、学問・学術シーンでのデータ分析を学ぶことは、データサイエンティストにとって必要不可欠です。問題なのは、社会人になってから、ビジネスシーンにおけるデータ分析を教える人がいないことです。その結果、学問・学術シーンでのデータ分析の考え方をビジネスの場に持ち込んでしまうのは当たり前でしょう。

ということで、次から具体的な例を交えながら、ビジネスシーンにおける誤解と正しい見方を述べていきます。

<u>ケース1：アイデア力向上トレーニング？</u>

JAXA（宇宙航空研究開発機構）ではかつて、「だいち」という人工衛星を打ち上げ、地球上の全表面の標高をスキャンするプロジェクトを実施しました。そうして得た標高データを、オープンデータとして公開しています。せっかくの貴重なデータですので、それを使った課題解決のアイデアを考えてみましょう。少し本を離れて、何ができそうか2、3分ほど考えてみてください。

さて、いかがだったでしょうか。同じ質問をいろんなところでしてみたところ、「水害が発生しそうなところの災害マップを作る」とか、「都市計画に使う」といった回答がよく聞かれます。もちろんそういう使い方もあるでしょう。

では、実際にどういう使われ方をしているのかJAXAの方に聞いてみたところ、「アフリカでマラリア防止のために使われている」とのことでした。マラリアを媒介する蚊は、水たまりや池で繁殖します。水たまりや窪地等を埋めておけば感染防止につながるのです。

机の前で考えていただけでは、恐らく1年間考え続けても、こんなアイデアは出ないと思います。この事例から学ぶべきは、手元にあるデータを起点にしていくら延々考えても、たいしたアイデアは思いつかないということです。そうではなくて、日頃からマラリア対策の課題意識を持っている人が、そういうデータの存在に気付いたとき、有用な使い道が閃くのです。

つまり、以下のことが言えるでしょう。

ビジネスシーンにおけるデータ・AI活用の誤解1：

- 手元にあるデータから何ができそうかを考える
- 手元のデータでとりあえずいろいろなグラフを作成してみたりAI適用を試してみたりする

ビジネスシーンにおけるデータ・AI活用の正しい認識1：

- 課題ありきでどのデータがその解決に使えそうかを考える
- 「この課題を解決したい」、「こういう戦略目標を目指したい」という目的を先に持ち、それに沿ってデータを収集し分析していく

先ほど挙げた「今保有しているデータを使って新しいビジネスやサービスを創出すること」というイメージそれ自体は、データ活用ができることの1つとして間違っていません。ただし、それを行おうとする際に、社内にあるデータを洗い出し、その一覧を眺めながら「何かできないか…」と延々考え込んでしまうことがあります。そうではなくて、社内にある課題や組織の目標等を整理し、そのうえでデータも眺めるというアプローチが適切でしょう。なお、第1章ではDS協会のタスクリストやCRISP-DMの話を挙げましたが、あくまでもビジネス課題や目的の把握から始める姿勢が大事なのです。

ケース2：コンビニ店長の困惑

さて、あなたはあるコンビニ店舗の店長です。部下にデータ分析を指示したところ、こんな結果が返ってきました。どう感じるでしょうか。

1. **プロモーション施策の検討：**
   店舗への来客を性年代別で分けた結果、主要ターゲットと想定していた30代女性よりも、60代女性の来客が最も多いことが判明した。

2. **売上向上施策の検討：**
   店舗前にある道路の交通量が多い日ほど、売上が大きくなることが判明した。

3. **在庫最適化への適正発注量検討：**
   6時間前までの販売数と気温が分かれば、3時間後の販売数が99.9%の精度でAI予測できることが分かった。

いかがでしょうか。部下は何かしらの結果をちゃんと出してきたようです。しかし今一度、自分がその店の命運を左右する立場にあることを強く意識してください。店がつぶれないために、真剣に次なる施策の一手を繰り出さなければなりません。そういう目線でもう一度部下の分析結果を見てみると、「こんな分析結果では…」と感じる方もいるでしょう。

さて、答え合わせです。この分析結果では「問題がある」と言わざるをえません。なぜなら、次のアクションにつながる示唆を1つも出していないからです。

1．プロモーション施策の検討

想定していた主要ターゲットを勘違いしており、本来のターゲットを見つけたことは、1つの発見と言えます。しかし、60代女性がメイン顧客層だと分かったところで、何かできることはあるでしょうか。「60代女性ウケする店内の雰囲気に変える」でしょうか。でも「60代女性ウケの雰囲気ってそもそも何だ？」と、途方に暮れてしまうのではないでしょうか。また、60代女性ウケする店舗にすることで、他の顧客層の来店が減ってしまう懸念はないでしょうか。

もしここで、「うちの店舗の商品ラインナップで60代女性によく売れているものはどれか」という分析結果まで出してくれていれば、「じゃあその商品をもっと重点的に仕入れよう」と、アクションにつなげられたと思います。ということで、「分析の深掘りが足りなかった」と言えます。

2．売上向上施策の検討

これは気づいた方も多いでしょう。さらに売上を伸ばしたくても、「自分たちでは交通量なんて変えられないよ」と思ったのではないでしょうか。売上と相関のある要素を見つけ出すのはなかなか大変なので、それが1つ見つかったのは大きな発見と言えます。しかし、それが自身でそれをコントロールできない要素であれば、ビジネスシーンにおいては意味がないのです。

もしこれが交通量ではなく、チラシ配布との相関だったらどうでしょう。「チラシを配布した週は売上が伸びる」と判明したとします。誰でも予測できそうなことであり、発見でもなんでもありません。しかし、チラシを配布しても効果が出ないこともよくあるので、少なくとも、チラシ配布の効果を証明できただけでも十分に有益です。そして、チラシ配布であれば店長の裁量でコントロール可能なので、具体的なアクション

につながります。

3．在庫最適化への適正発注量検討

AIで99.9%の精度が出るなんてことはめったになく、凄いことですし、大発見でしょう。しかし残念ながら、ビジネス上は全く役に立ちません。なぜなら、「発注から3時間後の商品仕入れ」なんてことは不可能だからです。たいていの場合は数日前に発注しますので、6時間前のデータを使って3時間後の予測を行っても、実際の業務には適用できないのです。仮に精度が70%に落ちたとしても、「1日前の販売数と気温が分かれば3日後の予測ができる」、これであれば有益と言えそうですね。

ということで、これらの分析結果の物足りなさの共通項が分かったでしょうか。それは、「この分析結果では意思決定ができない」、「次のアクションにつながらない」という点です。データ活用というからには、「分析結果をどう次のアクションにつなぐのか」という視点で臨まないと、意味がない分析となってしまうのです。

なお、あるコンビニ店舗という前提を外し、場面が異なれば、これらの結果も有益になりえます。例えば、Web広告を配信しているマーケティング担当であれば、配信先の年代セグメントを設定できるので、30代女性から60代女性に変更するという非常に有益なアクションにつながります。コンビニチェーン・マーケティング本部の新規出店検討の担当者なら、交通量の多い道路を候補地に加えるでしょう。日々の人通りや売れ行き状況を見て、作る量を刻々と調整している鯛焼き屋台なら、3時間後の予測は非常に有益でしょう。

すなわち、選んだ分析手法自体が悪かったのではありません。業務内容や分析後のアクションを意識せずに分析してしまったこと、選択した分析手法と業務内容とのミスマッチが問題なのです。課題や業務に合った適切な分析手法を選択することこそ、まさにビジネストランスレーターの力の見せ所です。ということで、これらの例から次のことが言えるでしょう。

ビジネスシーンにおけるデータ・AI活用の誤解2：
　・ データ分析とは、何か大発見をすることである

ビジネスシーンにおけるデータ・AI活用の正しい認識2：

- 今後のビジネスに使えさえすればよく、戦略立案や施策検討に使える情報を導き出す
- 新たに発見する必要はなく、予測した仮説を検証できるだけでも有益

　データ分析の有益性を示す有名すぎる話として「ビールとおむつ」があります。子供のおむつの買い物を頼まれた旦那は、ついでにビールを買って帰ることが多いので、ビールとおむつを近くに陳列したら売上が伸びたという事例です。確かに発見もデータ分析の一要素ではあるのですが、「分析＝発見」の根強いイメージはこの話からも来ているように思えます。「発見以外にもデータ分析が有益なユースケースがあるんだ」という意識に変わってほしいと、切に願っています。

<u>ケース3： データ分析ではAI（機械学習）を使う</u>

　1.1節でも述べたとおり、この誤解もいまだに根強いです。1.1節の繰り返しになりますが、AIを使わない分析の事例として、電車の乗換案内サービスを紹介しました。到着駅と到着日時の検索履歴を集計し、「きっとその駅周辺の混雑度と相関があるだろう」と考察し、混雑予測として公開していたという例です。AIは使われておらず、単に検索データを集計しただけですが、それでもそれなりの精度が出ていて有益でした。

　巷にはAIを使った分析による華々しい成果のニュースが多いので、どうしてもAIを使いたくなってしまう気持ちも分かりますが、それらのニュースの背景をもう少し考察してみましょう。実は、そうした成果を出した企業は、これまでAIを使わない形でのデータ分析をやり尽くし、次の一手としてAIも使って分析したらさらに成果が出たというケースが多いのです。

　ちなみに筆者が所属する会社のデータ分析サービスではAIも使いますが、報告内容の多くは、AIを使わない分析です。それでも、クライアントからはしばしば「AIを使わなくてもこんなに分かることがあるんだ、自社では全然分析できていなかったんだな」という感想をもらいます。これまでデータ分析にあまり取り組んでこなかった企業は、AIを使わずとも、単純な可視化やクロス分析を行うだけでも発見が相次ぎ、データ活用につながります。「新技術を使わないと十分な成果が出ないのでは？」と心配になるのも分かりますが、心配しなくてもちゃんと分析の成果は出ます。AIに飛びつくよりも、基礎からの積み上げが重要です。

ビジネスシーンにおけるデータ・AI活用の誤解3：

・ データ分析とは、AI（機械学習）を使うことである

ビジネスシーンにおけるデータ・AI活用の正しい認識3：

・ AI（機械学習）を使わずとも、得られる知見は多い

なお、のちの章で詳解しますが、基礎データを見ずにいきなりAIに飛びついてしまうと、多くの場合、活用につながりません。ビジネスにおいては、何をやるにしても根拠が必要だからです。

　例えば部下が、「地域Bよりも地域Aにチラシを配布したほうがよいとAIが結果を出しているので、地域Aへのチラシ配布に承認願います」と言ってきたら、OKを出せるでしょうか。「なぜ地域Aなの、その理由は？」とか、「そのAIは本当に合っているの？」とか、言いたくなるのではないでしょうか。結局AIだけやってもその後の活用にはつながらず、根拠となる人手による分析結果の考察も同時に必要となったりするものなのです。

ケース4： その分析結果は正しいのか？

　お客様と会話をしていると、「うちはデータが全然なくてね」とか、ちょっと統計の勉強をした業務担当者の方からは「有意差とか確かめなきゃいけないんでしょ」と言われることがあります。データ活用には十分なデータ量が必要なのでしょうか。確かに「AIを適用するには大量のデータが必要」と言われていますし、「統計的有意差を出すには一定のサンプルサイズ（データ量のこと）が必要」とも言われています。しかし、ただ単に「十分なデータ量が必要」とするのは、これもデータ活用の一側面しか見ていないと言えますし、学問・学術シーンでのデータ分析と混同しているように感じます。

　学問・学術シーンでのデータ分析では、有意差やt検定、その他の検定が重視されます。なぜかというと、世の中の知見となる法則やルールを見つけることが目的だからです。どのような状況でも再現性のあるルールを発見しようとすると、たまたま起こった事象ではダメで、ある法則の下で必然的に起こった事象であることを証明しなければなりません。そのために使われるのが有意差や検定の類です。そうした検証をしっかり行ったうえで、それをパスしたものが法則だろうということで、論文に発表さ

れます。

　しかし、ビジネスシーンではどうでしょうか。正しさを証明して論文を出すのがデータ分析の目的でしょうか。ちょっと違うように思います。では1つ例を見てみましょう。

　目の前に2台のスロットマシンがあります。コイン100枚を投入したとき、台Aは「1%の確率で10000枚獲得」、台Bは「2%の確率で10000枚獲得」できます。さてあなたならどちらの台に賭けますか。

図2.1　　どちらのスロット台を選ぶ？

 どっちのスロット台を選ぶ??

スロット台A
1%の確率で、10,000枚獲得

スロット台B
2%の確率で、10,000枚獲得

　「いやいや、台Bに決まっているじゃないか」と思うでしょう。他の条件が全く同じなら、少しでも確率の高いところに賭けたいものです。

　実はビジネスも、これと全く同じです。常にリソース（お金、時間、人など）に限りがあるなかで、少しでも可能性の高いところへ選択と集中をする。同じ1000万円を投資するなら、少しでも可能性の高そうな事業のほうへ投資する。日常業務もそうで、少しでも可能性が高そうな地域へチラシをまく、少しでも可能性の高そうな年代に向けてWeb広告配信をするのがビジネスの基本です。すなわち、正しいかどうかまで確証は得られていないが、少しでも可能性が高そうなところに選択と集中をするのです。とすると、それを行うための根拠としてデータ分析が使えないでしょうか。

　コストの制約から、どちらか一方のチラシを配布できないときに、「地域Aは20%の反応率、地域Bは10%の反応率」と、過去データの分析から分かったとします。このとき、この結果はひょっとしたらデータ量が足りず偶然であって、正しい（統計的有意差がある）とまでは言えないかもしれません。そうだとしても、どちらか一方しか選べないのであれば、可能性の高そうな方を選ぶのは当然でしょう。分析せずに、全くの当てずっぽうや勘で選ぶよりも、よっぽどマシなはずです。

そもそも近年は変化のスピードが速く、かつ、過去の延長線上にある連続的な変化ではないので、PDCAの考え方は限界を迎えているとも言われています。しっかり計画を立てても、予測が外れることが多いのです。しかも、予測が外れたことの検証と改善を、1年や半年のスピード感でやっていたのでは遅いのです。

ですから、近年はOODAループ（Observe：観察→Orient：状況判断→Decide：意思決定→Act：実行）のほうがよいと言われています。すなわち、予測をしながらじっくり計画を立てるのではなく、すぐに行動に移し、どうなっていそうかを観察し、その様子を素早く読み取って状況判断をし、すぐに意思決定して改善する、このループをすばやくぐるぐる回していくのです。

この話、どこか聞き覚えがないでしょうか。1.2節で紹介した「分析をぐるぐる回す」ときの態度そのものです。ビジネスにおいては、時間をかけてしっかりデータを集めて、正しいと証明できてからアクションに移すよりも、試して検証しながら改善を繰り返すほうが向いています。このOODAループを実現するうえで、データ分析は非常に適しているのです。

さらに極論を言えば、「データが1件でもあるのなら0件よりも断然マシ」と筆者は考えます。仮に、あるユーザ1名の行動パターンだけが分かったとします。この1名は、他の大半のユーザの行動と同じ代表的なユーザかもしれませんし、その人限りの特殊な行動かもしれません。しかし、これまで担当者の全くの妄想で仮説を作って施策を打っていたのと比べると、たった1名の行動であっても事実を根拠に施策を考えたほうが、うまくいく可能性は高くなったと言えるでしょう。データ量が少なく、正しいと証明するには至りませんが、少しでも可能性の高い仮説の構築には使えるのです。

ということで、次のことが言えるでしょう。

ビジネスシーンにおけるデータ・AI活用の誤解4：
- データ分析のために一定量のデータが必要である
- 有意差や各種検定が必要である

ビジネスシーンにおけるデータ・AI活用の正しい認識4：
- 統計的に差があることを確かめる各種検定は必ずしも必須ではない
- データが少なくても仮説構築には使える

4つのケースを例示して、ビジネスシーンにおけるデータ分析の正しい心構えを述べてきました。データ分析によってどんな課題が解決できるのか、うまくマッピングできるようになるための基礎として必要な考え方ですので、本節で取り上げることにしました。

　なお、この時代ですからAIについても触れないわけにはいきませんが、AIの本質を理解しておかないと、AIでどんな課題が解決できるのかの適切なマッピングができません。したがって次節では、AIの技術的な歴史をたどりながら、その本質を見ていきます。

Column

データの持つ力

　データ分析は近年出てきた新しいトレンドでしょうか。いえ、そうではありません。実は昔からデータの持つ力に気付いて、うまく活用してきた人たちがいました。

　例えば江戸時代、越中富山の薬売り。配置薬と呼ばれる、まずは顧客である各家庭に薬を預けて定期的に訪問し、使った分だけ代金を支払うという「先用後利」のビジネスモデルが有名で、そこに目がいきがちですが、実はもう1つ、商売繁盛の秘訣がありました。それは懸場帳です。

　この帳簿には各家庭ごとのページがあって、いつどの薬が使われたかという情報とともに、家族構成、あそこのおばあさんは膝が悪い、下の子は苦い薬をイヤがって飲まないなど、訪問時の立ち話で得た情報までが事細かに記載されています。それを基に、「この薬が減っているとい

うことは、誰か胃が悪い人がいるのかな」と予想したり、膝に効く新薬を提案しに行ったり、苦くない薬に絞って提案するなど、配置する薬のバリエーションを家庭ごとに変えていたというのです。

　これ、どこかで同じような話を聞いたことがありますよね。要は現代で言うところのCRM（Customer Relationship Management：顧客関係管理）そのものです。大量データを機械的に処理するか、薬売りが1行1行台帳に書いていくかの"技術"の違いだけで、このようにデータを集めて解釈していけば役に立つという世の中の真理は同じだということです。

　また、昭和の豆腐行商にも同じような話があります。どのルートを通ったら何個売れたか、同じルートでも時間帯や天候や気温が違ったときの販売数を詳細に

台帳に記録していたというのです。そしてその記録から、売れるルートとパターンを導き出し、商売繁盛をもたらしたというのです。要は、豆腐の売れる個数を目的変数、ルートや時間帯や天候などを説明変数とし、目的変数を最大化するにはどうすればよいかを考えただけ。「AI（機械学習）ってスゴいね」と現代人は言いますが、やっていることの本質は何一つ変わりません。

さらに、『ビッグデータの正体　情報の産業革命が世界のすべてを変える』（ビクター・マイヤー＝ショーンベルガー、ケネス・クキエ 著、講談社）からの引用ですが、1800年代の米国海軍もデータを使って海図をアップデートしました。どういう航路を辿ると安全かつ風が吹いて効率的に航海できるかは当時、船長やベテラン船員の勘と経験に頼っていました。「経験の浅い船員でも安全な航路を選べるようにならないだろうか」という問題に対して、過去の航海日誌の記録から、位置・日時・天候などの情報を集め、それを地図上にプロットして可視化することで、最適な航路を割り出せるようになったというのです。ベテランの勘と経験をデータから補強したわけです。

これらはいずれも、まだコンピュータの登場していない時代の話です。AIがなくてもコンピュータ技術がなくても、このようにデータの価値を引き出すことは可能だった。すなわち「データを収集・蓄積・可視化・解釈する」、このこと自体が価値を生み出すということを示す好例と言えるでしょう。データ分析やAIの"技術"が本質ではないのです。

2.2

ビジネス課題解決の
一手段としてのAI

AI用語の整理

　これまで「データ分析やAIについては、課題ありきで考えるべき」という話を繰り返してきました。AI解説書の多くは技術視点で書かれていますが、この後の節で述べる「データ分析やAIは何ができるのか」を深く理解するためにも、本節では課題解決の視点でAIというものを眺めてみます。なおその際に、AIという用語は人によって捉え方が様々なので、本節で言うAIとは何を指すのか、用語の定義を先にしておきましょう。

　AIには、第1次AIブーム、第2次AIブームといった過去の経緯があります。第1次AIブームは、トイプロブレムと呼ばれる「ハノイの塔」や迷路などのパズル問題に代表されます。コンピュータがパズルを解けるということで、あたかもコンピュータが知能を持って考えているように感じられました。

　しかし、実際には一切考えていません。種明かしをすると、迷路には単純な解法があって、三方が囲まれているところは出口に向かう道ではないので、塗りつぶしていきます。これを順次繰り返していくだけで、最後はスタートからゴールに向かう道が浮かび上がります。

図2.2　迷路の単純な解法

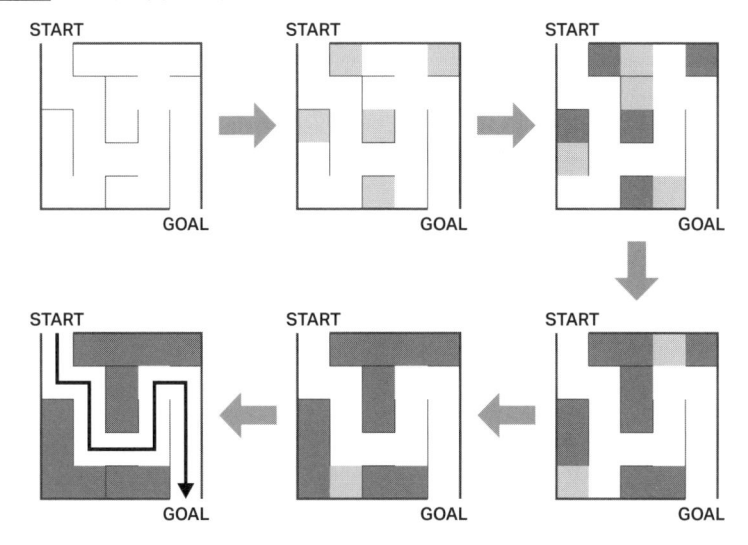

　つまりコンピュータは、人間のように「ここはさっき行き止まりだった、こっちのような気がする」と、考えながら解いているわけではありません。「三方が囲まれているところを塗りつぶす」というルールがプログラミングされており、そのように機械的に処理しているだけです。ハノイの塔問題も、あるルールに従って動かすと解けるので、人がそのルールどおりに処理するようプログラミングしただけなのです。第1次AIブームのAIを今の人が見たらAIと呼べるものではなく、「ただのプログラミングじゃないか」という代物なのです。

　第2次AIブームのAIも同じです。代表的なのはエキスパートシステムで、例えば医療診断システムがありました。患者の症状をインプットすると、何の病気なのか自動診断してくれました。しかしこれも、コンピュータが考えて診断を下しているのではなく、事前に医者から病気の判断基準のパターンを聞き出して、それを大量のIF文にしてプログラムしただけです。正体を今の人が見たら、これも「ただのプログラミングじゃないか」という代物なのです。

　また、一昔どころかふた昔も前に、「AI搭載」という触れ込みで売り出されたエアコンがありました。何がAIなのかというと、以前は風量の弱・中・強を人が操作するしかありませんでしたが、このエアコンでは、室温と設定温度に応じて風量の強弱を自動制御するようになっていました。あたかもエアコンが自分で考えて、室温の寒暖を

判断し、風量を調整してくれているように感じたことでしょう。今の人が見ればすぐ分かるように、単純なIF文が組み込まれているだけですね。これも第2次AIブームの代物と言えるでしょう。

　ということで、本書では第3次AIブーム以降のもの、すなわち機械学習や生成AIをAIと呼ぶことにします。

　一方で、AIの話は、哲学的な議論に及ぶことがあります。用語の詳細説明は他に譲るとして、シンボルグラウンディング問題やフレーム問題、シンギュラリティ、「AIは意識や心を持つか」といった話題は、本書の対象外とします。あくまで直近のビジネスにつながる話題を扱います。

　また、ディープラーニングの中途半端な触れ込みや理解のせいで、「AIは人間の脳を模倣したもの」と言われることがあります。しかし、俗に「弱いAI」と呼ばれる特化型人工知能と、俗に「強いAI」と呼ばれる汎用人工知能（全脳アーキテクチャとも呼ばれる）とを、しっかり分けて考える必要があります。

　強いAIは、人間の知的活動をすべてこなせること、すなわち脳の模倣を目指す研究分野です。要はドラえもんや鉄腕アトムを作る研究ですが、こちらは研究途上にあり、実現までにはまだまだ時間がかかると言われています。直近のビジネスにつながる話でもありませんので、強いAIは本書の対象外とします。

　弱いAIは、例えば画像認識や将棋といったように、特定の処理のみを行うAIです。将棋のAIは、将棋を指したら人間を超える能力を発揮しますが、のび太くんの困りごとに応じた道具を選んで出してくれることは決してありません。時には、道具による安易な解決は良くないと考え、のび太くんを叱咤激励することもなければ、ネズミを怖がりもしません。そこが弱いAIと強いAIの違いであり、弱いAIはいわば完全に人間の道具の1つなのです。

　また、「ディープラーニングは脳の模倣？」という誤解も解いておきたいと思います。ディープラーニングは弱いAIの一種です。あくまで画像識別や翻訳など、特定の処理にのみ特化した技術です。それなのに、脳の模倣と言われる理由は、脳の神経伝達の仕組みであるニューロンの動きに”着想を得て”考え出されたアルゴリズムを使っているからです。ニューロンの神経伝達の仕組みを数式化すると、次のようになることが知られています。

図2.3 ディープラーニングでも使われる神経伝達のアルゴリズム

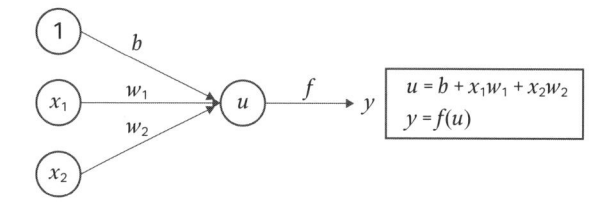

$$u = b + x_1 w_1 + x_2 w_2$$
$$y = f(u)$$

　ディープラーニングはこのように、ただのアルゴリズム（プログラミング）を使っているだけであり、決して人間の脳を再現しようという技術でも研究分野でもないのです。

　最後にもう1つ。AIとロボットが混同されることがあります。しかし、「AI＝ロボット」ではありません。ロボットの挙動を制御したり判断したりする部分にAIが使われることがあるだけで、体の有無は関係ありません。例えば次の図のとおり、どちらもAIです。

図2.4 AI＝ロボット？

　つまり、ロボットはAIの適用領域の1つに過ぎないのです。

　ということで、これで本節の本題に入れます。本節で扱うAIは、弱いAI（特化型人工知能）だけです。また、弱いAIは、「教師あり学習」、「教師なし学習」、「強化学習」の3つに分類されます。

教師あり学習	教師なし学習	強化学習
過去の経験(正解データ)から未来や未知のものを推測する	データの背後に存在する本質的な構造を抽出して未知の特徴を見つける	目標達成のための最適な一連の方策を得る

できること：
回帰、分類

できること：
クラスタリング

できること：
ロボット歩行自動制御
ゲームAI(AlphaGO等)

では、弱いAIは何ができるのか、次から見ていきましょう。

課題解決視点でのAIの本質

AIを課題解決視点で考えていきます。その際に理解しておきたいのは、AIに限らずITの歴史はどれも「展開→問題→克服」の繰り返しだという点です。

人手では非常に時間のかかる業務処理を自動的にやってくれる技術が誕生して、世の中に展開されたのが、コンピュータの始まりです。この頃のコンピュータは汎用機と呼ばれていました。しかし、業務処理量が増えてきて汎用機のスペックを上げようとすると、増強が非常に大変、かつ高価なので、業務処理量の増加に柔軟に対応できないという問題が出てきました。

その克服のために、汎用機に接続する端末側にも一部の業務処理を肩代わりさせようと生まれたのがクラサバ(クライアント／サーバ型コンピューティング)の技術です。これにより汎用機のスペック問題は克服されましたが、今度は他の問題が出てきました。端末側に業務処理させるためのアプリケーションが修正されたら、全台の端末で更新対応を行わなければならないという点です。

この問題を解決するため、端末側にアプリケーションを導入するのではなく、ブラウザ1つで処理できるWebアプリの仕組みが普及し…。といったように、問題の解決のために画期的な技術が生まれて展開されると、別の問題が見つかり、その問題を克服するためにまた新たな技術が誕生し…、その繰り返しなのです。

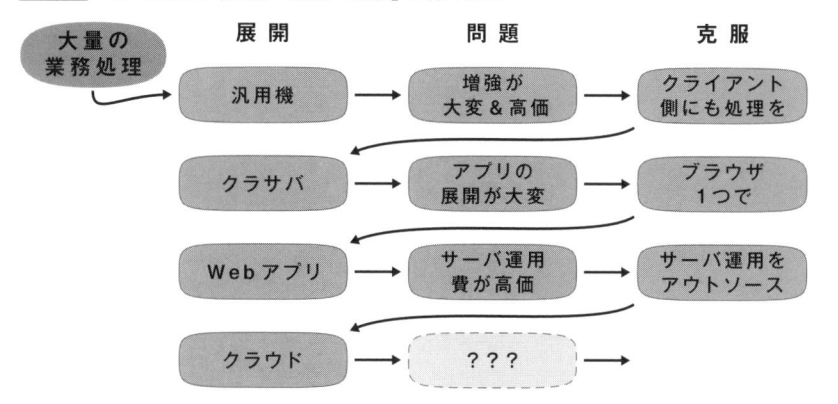

図2.6 ITの歴史は「展開→問題→克服」の繰り返し

とすると、AIもITの1つなので、AIも過去のITの"何かしらの問題"を克服するために誕生したと言えそうです。では、いったい何を克服したのでしょうか。

それを考えるために、AIができることの1つである「回帰」を例に見ていきましょう。

回帰とは、よくある説明によれば「将来の具体的な数値を予測する」ことです。1.1節で挙げたアイスの販売数の予測などは、まさに回帰の適用例です。気温が1度上がるごとに販売数が何個増えるのか、価格を1円下げることで何個増えるのか、この「具体的に何個」というのがこれまでよく分からなかったので、担当者の勘と経験でやるしかなかったわけです。しかしAIの回帰だと、「販売数 = 10 × 温度 − 5 × 価格 + 100」といったように、具体的な個数が分かるようになるのです[1]。経験のない新人の担当者でも、この計算をしてジャストな数の仕入れができるのです。そう考えると、AIの力はやはりパワフルですね。

---

[1] 例に挙げたような単純な重回帰の式くらいであればAI登場前にも実現できましたが、AIも人間が理解困難な複雑な式を出してくるだけで、やっていることの本質はこれとあまり変わりません。ついては、説明のイメージが付きやすいように重回帰式の例を使っています。

図2.7 回帰のイメージ

例） アイスの販売数予測

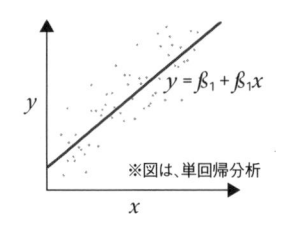

$y = \beta_1 + \beta_1 x$

※図は、単回帰分析

気温と価格で販売数が決まりそう

販売数 $= \beta_1 \times$ 気温 $+ \beta_2 \times$ 価格

過去のデータから β_1 と β_2 を求めれば
以後は販売数を予測できる

　ただ、ここで「ちょっと待った！」です。AIの回帰を「将来の具体的な数値を予測する」と説明しましたが、はたしてこれはAIでなければできないことでしょうか。仮に、AIが登場するずっと前の1969年に戻すとしましょう。この年に人間は月にロケットを送り込むことに成功しています。それを実現させるには、どの方向にどのくらいの速度で飛ばせばどれだけの距離を進めるのかを事前にシミュレーションし、予測する必要があります。つまり将来の具体的な数値を予測したからこそ実現できたわけです。とすると、「将来の具体的な数値を予測する」という説明だけでは、AIの本質のうち、大事な要素が何か抜けていると言えそうです。

　このモヤモヤを残したまま、AIができることのもう1つである「分類」の例も見ていきましょう。分類とは、よくある説明では「それがどの集合に含まれるかを判定すること」です。例えば、ドライブレコーダーの映像に映った道路標識を分類するAIなどがあります。標識の形や色、模様などを見れば分類できそうですね。

図2.8 分類のイメージ

例） 道路標識の画像認識

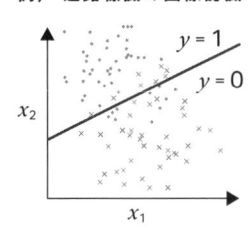

$y = 1$
$y = 0$

止まれ

形と中の模様で分類できそう

**形がどれだけ丸いかを x_1
中の模様がどれだけ四角かを x_2**

過去のデータから境界線を
決めれば以後は分類できる

　ただ、やはりここで「ちょっと待った！」。分類の自動化なんて昔からできているのではないでしょうか。例えば、出荷する野菜のサイズをL・M・Sに自動分類する機械な

んて昔からありますが、AI技術は使われてはいなさそうです。とするとこれもやはり、「どの集合に含まれるかを判定する」という説明だけでは、大事な要素が何か抜けているようです。

すなわち、AIができることの"結果"に着目していたのでは、AIの本質は見抜けません。アイス販売数予測と月ロケットの違い、標識の画像判定と野菜自動分類機の違いは、それぞれ何でしょうか。

それを理解するために、「ITシステムとは何か?」に触れたいと思います。ITシステムとは、まず「入力」があり、それを何らかの「ルール」に従って「処理」し、その結果を「出力」するものを指します。入力の例にはキーボードの打ち込みや温度センサの値などがあり、ルールにはロジック（アルゴリズム、プログラム、手続き）があり、出力の例には計算結果の画面表示や、温度のアラート通報などがあります。

図2.9 ITシステムとは?

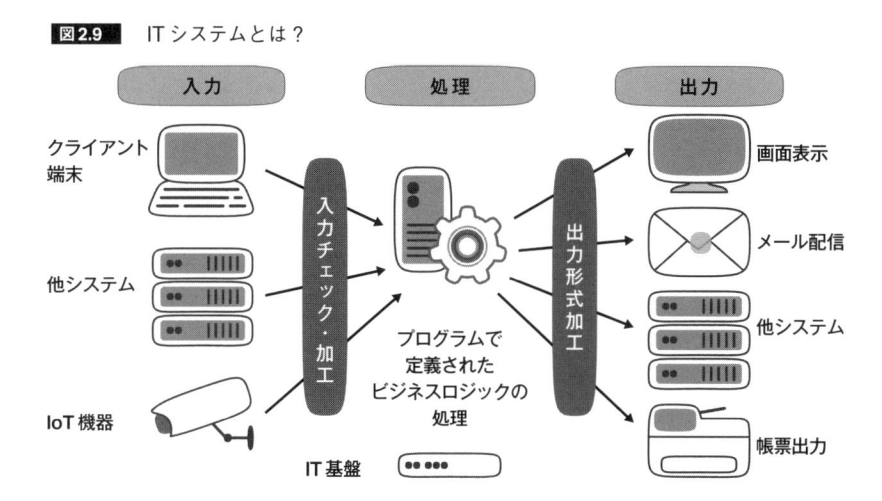

そして、この処理の部分がポイントです。入力されてきた内容を"何らかのルール"に従って処理するわけですが、そのルールは誰がどう決めるのでしょうか。

AI登場前からある従来のITシステムは、そこを人間が決めていました。月ロケットの動きをシミュレーションするには、中学や高校の物理でやった重力方程式が使えますので、その計算式のとおりにコンピュータに計算させていたわけです。野菜の自動分類機であれば、単に重さごとのIF文を定義して、機械に与えていただけです。このように、処理ルールが明確に定義できる、すなわちロジックがプログラミングできるも

のは、AI登場前からITシステム化されて実用化されていたのです。

図2.10 従来のITシステムとAIシステムの違い

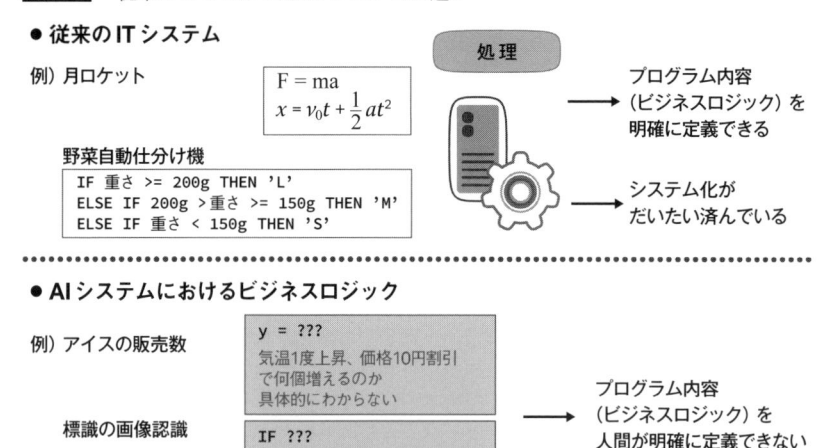

- **従来のITシステム**

例) 月ロケット

$$F = ma$$
$$x = v_0 t + \frac{1}{2}at^2$$

野菜自動仕分け機

```
IF 重さ >= 200g THEN 'L'
ELSE IF 200g >重さ >= 150g THEN 'M'
ELSE IF 重さ < 150g THEN 'S'
```

処理

→ プログラム内容
（ビジネスロジック）を
明確に定義できる

→ システム化が
だいたい済んでいる

- **AIシステムにおけるビジネスロジック**

例) アイスの販売数

y = ???
気温1度上昇、価格10円割引
で何個増えるのか
具体的にわからない

標識の画像認識

IF ???
パターンが複雑すぎて
条件分岐がうまく書けない

→ プログラム内容
（ビジネスロジック）を
人間が明確に定義できない

- **AIシステムにおけるビジネスロジックの推論と生成**

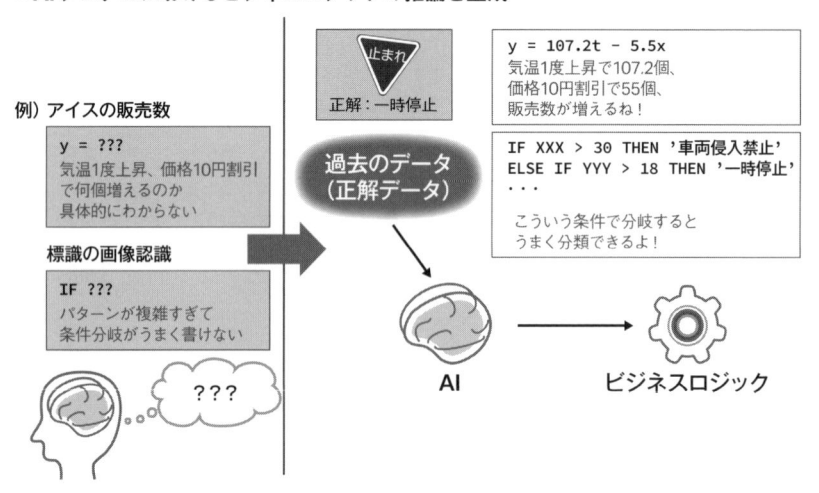

例) アイスの販売数

y = ???
気温1度上昇、価格10円割引
で何個増えるのか
具体的にわからない

標識の画像認識

IF ???
パターンが複雑すぎて
条件分岐がうまく書けない

???

止まれ
正解：一時停止

過去のデータ
（正解データ）

y = 107.2t - 5.5x
気温1度上昇で107.2個、
価格10円割引で55個、
販売数が増えるね！

```
IF XXX > 30 THEN '車両侵入禁止'
ELSE IF YYY > 18 THEN '一時停止'
・・・
```

こういう条件で分岐すると
うまく分類できるよ！

AI

ビジネスロジック

　アイスの販売数予測や標識の画像判定はどうでしょう。ITシステム化したくても、担当者は「いやー、気温が上がると売れ行きがよくなるのは知っているんだけど、具体的に1度上がると何個増えるかと言われてもなあ…」と、勘や経験による予測の根拠

は曖昧なのです。つまり「販売数＝a×温度−b×価格＋c」のa,b,cの部分がよく分からないので、処理ルールを明確に定義できない、すなわちロジックをプログラミングできず、コンピュータにルールを与えることができないので、従来はシステム化されなかった領域なのです。

そこへAIが登場し、状況が激変しました。過去のデータを基にして、「販売数＝10×温度−5×価格＋100」と、具体的なルールをAIが導き出してくれるようになりました[2]。これにより、従来システム化（自動化）できなかった業務領域も、AIを使って可能になりました。つまり、AIが克服した問題とは、処理ルールが不明確な領域において、「処理ルールを自動で導き出す」ことにより、システム化を可能にしたことであり、それがAIの本質なのです。

では、AIが解決したビジネス領域の問題について、2つの例を見ていきましょう。

1つは、インバウンドコールセンターの人員最適化です。TVショッピングなどの電話受け付けで重要なのは、せっかくかかってきた電話に対応できないという機会損失を防ぐことです。大勢のオペレータを待機させておけばよいのですが、人員が過剰だと無駄な人件費がかさみます。そのコスト増と機会損失のトレードオフに、コールセンター業務はいつも悩まされています。コール数を具体的に予測できない（予測ルールを明確に定義できない）ので、担当者の勘と経験で何とかしてきたのです。

しかし、TV放映の時間帯や曜日、商品ジャンル、そのときのコール数といった過去の記録を残していれば、AIを使って予測ルールを自動算出できそうです。まさにAI適用が効果的な例と言えるでしょう。観光施設の来場者数予測なんかもこの適用例ですね。

もうひとつの例は、DM（ダイレクトメール）発送の最適化です。DMを打てば打つほど売上は伸びるでしょうが、DM発送にはコストがかかるので、こちらもトレードオフになります。できれば、買ってくれる可能性の高そうな人に絞って、費用対効果高くDMを打ちたいものです。ところが、可能性の高い人の特徴や属性が分からない（それを予測するルールを明確に定義できない）ので、熟練マーケターが勘と経験と度胸で送付対象を決めていたわけです。

この問題も、特定の顧客属性や購入履歴のある人のリストや、DMへの反応記録といった過去のデータを残していれば、AIが最適なDM送付先リストを作ってくれそうです。

---

*2 数ページ前の「注釈1」と同様です。例に挙げたような単純な重回帰の式くらいであればAI登場前にも実現できましたが、説明のイメージが付きやすいように重回帰式の例を使っています。

これら2つの例のような業務領域は、世の中を探せばまだまだ多くありそうです。AIの適用領域は広く、ポイントを突けば非常にパワフルな技術と言えるでしょう。

ただし、2つの例に共通するのは、「人間ではその最適解を算出するためのロジックを明確にできないこと」と、「対象業務とその課題が明確になっていること」です。AIを使った改善プロジェクトにアサインされても、自社の業務課題を知らなければ、ポイントをうまく突く案は出せないでしょうし、まして、自社の事情など知らない外部のAIベンチャーに、どんな課題があるかインプットせずに提案を依頼しても無駄でしょう。AIありきで入るのではなく、課題から入ったほうが容易であることが、ここからも分かるのではないでしょうか。

課題解決視点でのディープラーニング技術

課題解決視点でAIの本質を見てきました。これだけでも「AIってすごい！」感がありますが、「第3次AIブーム」と呼ばれるほどの大きなブレイクスルーを生んだのはディープラーニングの登場でした。

ただし、ディープラーニングもITの1つなので、これまでの例に漏れず、ディープラーニング登場前のAI技術に何か問題があり、それを克服するために登場したと言えそうです。では、いったい何を克服したのでしょうか。

AIの本質で凄いところは、人間には決めることのできなかった処理ルールを明確に定義できるところ、と述べてきました。しかし、実はディープラーニング以前のAIでは、処理ルールの定義こそAIがやってくれるものの、人間が決めなければならないものが実は1つだけありました。それは処理ロジックを自動生成する際に「どの要素に注目すべきか」という点です。

例えばアイスの販売数予測では、気温と価格を(推論の)要素として挙げましたが、ほかにも予測に影響しそうな要素はありそうです。平日／休日の違いや曜日、天候、チラシやCM、店舗周辺の人口などなど、もっとあるかもしれません。これらを専門用語で「特徴量」[3]と呼びます。ただし、アイスの販売数予測の例であれば、特徴量は人間でも決めることができそうです。

---

[3] 特徴量は説明変数と目的変数の両方を含む概念であり、この文脈では「説明変数」と呼んだほうが厳密かもしれません。ただし、「ディープラーニングは特徴量を人間が与えなくてよい」という説明の仕方が一般化しているため、「特徴量」という表現を使っています。

図2.11　ディープラーニング登場以前は特徴量を人間が決める

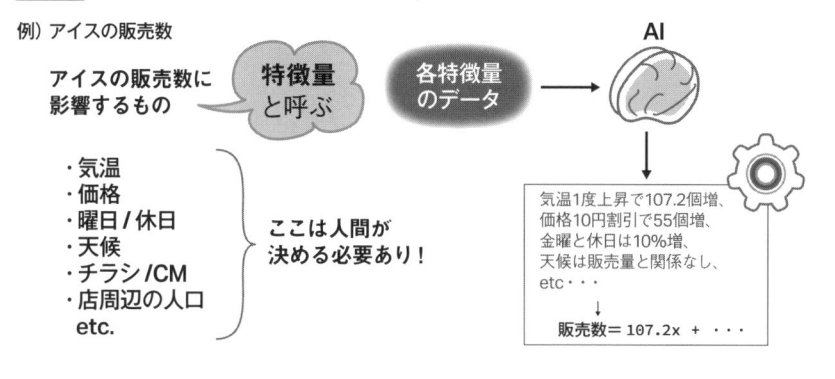

例）アイスの販売数

アイスの販売数に
影響するもの

特徴量
と呼ぶ

各特徴量
のデータ

AI

・気温
・価格
・曜日 / 休日
・天候
・チラシ /CM
・店周辺の人口
　etc.

ここは人間が
決める必要あり！

気温1度上昇で107.2個増、
価格10円割引で55個増、
金曜と休日は10%増、
天候は販売量と関係なし、
etc・・・
↓
販売数 = 107.2x ＋ ・・・

　また、標識の分類（画像識別）ではどうでしょうか。アイスの販売数予測よりも、特徴量を指定するのは難しそうですが、それでも標識の形、色、模様など、どこに注目すべきかは、頑張ればAIに教えることができそうです。

図2.12　標識の分類のための特徴量

	形	色	模様	...
	丸	赤	長方形	...
	逆三角形	赤	文字 （止まれ）	...
	五角形	青	人の形 と横線	...

　では、イヌかネコかの判定はどうでしょう。人間が見れば一目瞭然です。しかし、どこに注目して、イヌかネコかを見分けているのか説明できるでしょうか。イヌもネコも耳は2本、目も2つ、白いイヌもいればネコもいるので色ではないし、丸顔のネコが多いけれど丸顔のイヌもいます。つまり、どこに注目して見分けているのか、理屈を説明できないのです。

先の標識の例では、「形や色や模様」と説明ができました。特徴量をAIに教えることができましたが、イヌとネコの場合はそれができないのです。ここが従来のAI技術の限界でした。

　ディープラーニングの凄さの本質はここにあります。どこに注目すべきか、特徴量を人間が与えなくても、「これはイヌの画像、これはネコの画像」というように、単に大量の過去データを与えて学習させれば、そこから勝手に適切な特徴量を見つけ出し、以後はイヌかネコかを分類できるようになります。

　この本質を理解すると、ディープラーニング技術の適用が効果的な場所がどこか、分かってきます。

　Excelやリレーショナルデータベース等の表形式で表せるデータは、俗に構造化データと呼ばれますが、その項目1つ1つは特徴量になりえますので、既に人間が見つけ出していると言えます。一方、画像や音声、言語などの非構造化データの特徴量は、人間にはうまく見つけることができません。

　例えば、音声は波形で表せますが、そのどこに注目すれば「あ」の音と「い」の音を見分けることができるでしょうか。まぁこの2つならなんとかなるかもしれませんが、50音すべてとか、それらがつながった単語を正確に判別するにはどこに着目すればよいか、人間が指定するのは難しそうですね。

図2.13　音声波形のどこに注目する？

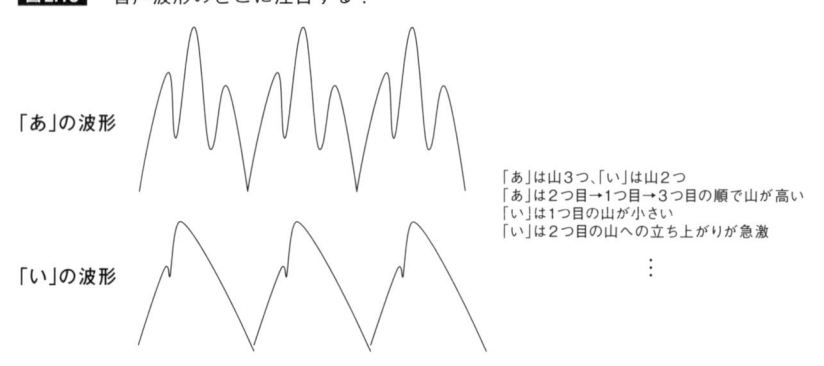

「あ」の波形

「い」の波形

「あ」は山3つ、「い」は山2つ
「あ」は2つ目→1つ目→3つ目の順で山が高い
「い」は1つ目の山が小さい
「い」は2つ目の山への立ち上がりが急激
　　　　　　　　　　　　　　　⋮

　このように、画像認識や音声識別、翻訳など、非構造化データを扱う予測の精度が、ディープラーニングの登場で飛躍的に向上し、実用化レベルにまで至ったことが、第

3次AIブームの中身なのです。

　では、ディープラーニング技術の誕生によって解決した、具体的な業務の例を1つ見ていきましょう。いろんな事例が世の中では紹介されていますが、筆者が面白い適用例だと気に入ってよく紹介しているのが、不動産賃貸サイトの室内紹介写真の自動分類です。

　各物件の紹介をサイトにアップする際に、室内写真をキッチン・リビング・バス等に分類して掲載したいのだけれど、毎日大量の新着物件があるので、その分類作業に人手がかかり、人件費増につながっているという課題がありました。分類の処理ロジックは明確に定義できませんし、画像なので分類のための特徴量も人間ではよく分からないので、ディープラーニング適用が期待できる課題と言えます（また、ディープラーニングは大量の分類済みデータで学習させる必要がありますが、過去何年にもわたり人手で分類してきた画像があるので、その面でもディープラーニングに適していたと言えます）。

　これが成功した結果、人間はちゃんと分類されているのかの最終チェックだけ（まれにAIが間違っているところを人手で修正するだけ）でよくなり、大幅なコスト削減につながったそうです。近しい事例として、オークションサイトでの出品禁止商品のパトロールなどにも応用できるでしょう。

　もう1つの例は、医師の内視鏡検査です。これもイヌ／ネコの分類と同じで、ベテランの医師による病気診断の根拠（すなわち特徴量）を、うまく説明できないケースがあるそうです。

　しかし、そうした医師の知見をAIに学習させれば、病気の見逃し防止につながります（ただし、AIは精度100%でもないし万能でもないので、医師による目視とのダブルチェックは欠かせません）。これに近しい事例として、コンクリートを叩いた音による劣化診断や、製造部品の目視による品質チェックなどが考えられます。

課題解決視点での近年のAI技術

　さて、一世を風靡したディープラーニング技術も、登場から数年が経ちました。すると、ITの歴史の例に漏れず、やがて弱点が見つかり、さらにはそれを解決する新技術もそろそろ登場しそうです。そして、まさにそのとおりになっています。

　ディープラーニングには当初から「ブラックボックス問題」というものが指摘されて

いました。精度は非常に高く出るのですが、なぜそういう結果になったのかの根拠を全く示してくれないのです。そのため、「重要な意思決定には使えない」とされていました。特に重要な決断であればあるほど、誰でも納得できる根拠を求められます。例えば企業の重要方針や人命に関わる病気診断、災害等の緊急対応、司法判断や公共政策などを決める際に、「AIがそう言っているから」では通用しません。

　案の定、ブラックボックス問題が制約となって適用できない分野がどんどん見つかっている状況です。そして、この弱点克服策として近年流行りなのが「説明可能なAI」(XAI：Explainable AI) です。画像認識を行った際に、判断の根拠となった部分を色付け表示してくれたりします。これにより利用者は、AIと自身の判断が同じか検証できますし、説明責任も果たせます。医療現場であれば、高い精度の恩恵を得つつ、安心してAIを使えるようになります。

図2.14　説明可能な AI（XAI）の例

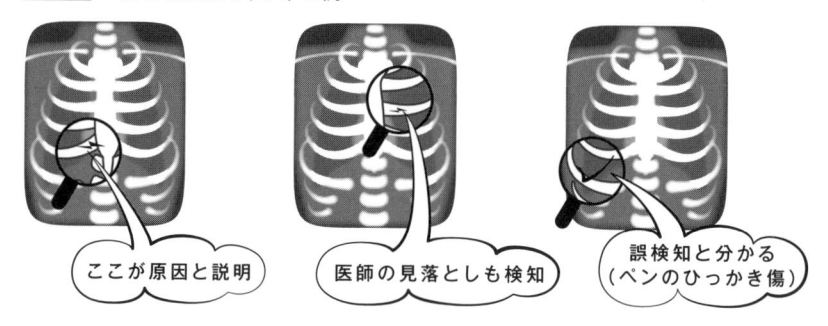

課題とAI技術の最適なマッピング

　ディープラーニングやXAIに至る歴史の流れを把握し、それぞれの技術の本質を理解できていると、課題と各技術の最適なマッピングができるようになります。

　例えばAI翻訳には、ディープラーニングとXAIのどちらが適しているでしょうか。翻訳のユースケースでは、たいていの場合、訳せさえすればいいので、とにかく精度が高ければよく、なぜそのように翻訳したのかの説明は不要です。一方で医療分野では、とにかく精度さえ高ければいいというものではなく、理由が明らかでないと納得できないでしょう。

　もし、この適用を逆にしたらどうなるか、イメージしてみてください。医療分野は先

ほどから説明しているとおり、言わずもがな。では、AI翻訳にXAIだとどうでしょう。当然、裏での計算量が多くなり、翻訳ボタンを押してから出力まで10秒もかかるようでは、ちょっとイラッとしますし、サービス運用コストがかさむ可能性もあるので無料とはいかなくなるかもしれません。

このように課題と技術のミスマッチが起こると、せっかくのパワフルな技術も、有用性が半減してしまいます。当然ながら、技術が新しいほど開発コストも運用コストもかかりますので、できる限り「枯れた技術」[4]を選択したほうが理に適う場合も多いのです。

ITの歴史は、既存の技術で解決できなかった問題を新たな技術で解決する、その繰り返しです。ここまで、ITシステムは大量の業務処理を自動化できた⇒処理ロジックを明確に定義できないものには使えない⇒AIで処理ロジックを自動生成⇒人間が特徴量を決められないものには使えない⇒ディープラーニングで特徴量まで自動判定⇒判断の根拠が不明なので重要な意思決定場面では使えない⇒判断根拠を明示してくれるXAI、という流れを見てきました。

ビジネストランスレーターとしては、もちろん各AI技術の数学的・学術的な背景も理解も、あるに越したことはありません。しかし、より大切なのは、各技術の強み（＝先行技術の弱点のどこを克服したか）と、弱み（＝適用の限界）を理解し、その課題に対して最適なAI技術を選択できる目利きでしょう。ぜひ、技術視点だけでなく、課題解決視点でAI技術を捉えるよう留意してみてください。本節で述べた内容だけでも、次のような目利き基準が作成できそうです。

---

*4 IT業界では誉め言葉。世の中で既に十分使いこなされており、バグがなく、かつ安価なコストで安心して使える技術という意味です。

図2.15 AI技術の選択基準

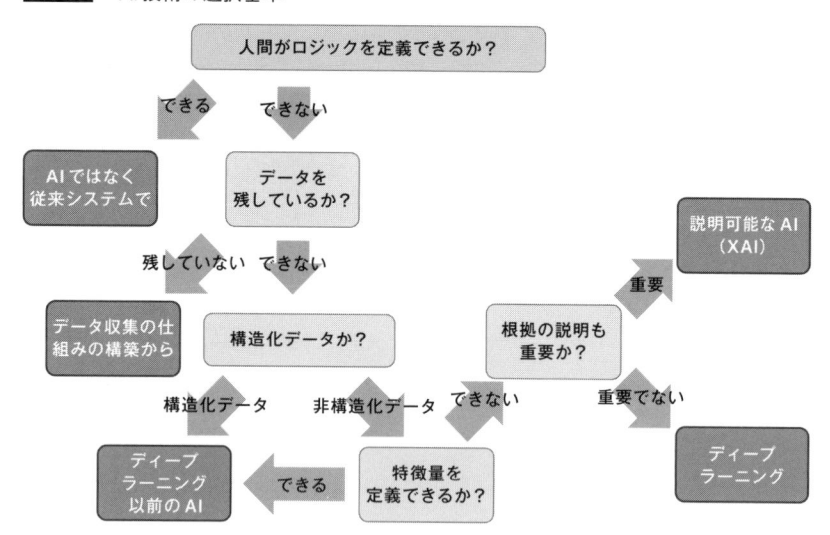

　そして、AIの適用領域の見つけ方は、「なぜその業務を"まだ"人手でやっているのか？」を問うことです。ITシステムの発展により、人間がロジックを定義できる業務の多くは既に自動化されており、それができない事情がある（つまり、人間がロジックを定義できないから）と考えるのが自然です。そうした観点でAIの適用領域を探していくとよいでしょう。

書籍紹介コラム

『スピード合格ディープラーニング G検定（ジェネラリスト）対策テキスト』

金井恭秀・岩間健一・加藤慎治・村松李紗・深津まみ（テーピーテック株式会社）著、リックテレコム刊

「ディープラーニングG検定」のテキストです。ディープラーニングについて深い理解を得ようとすると、この技術が必要とされた背景など、それ以前のAIの歴史を知る必要があります。そこでこの本では、第1次AIブームの話から始まり、AIを学ぶうえで基礎となる用語を1つ1つ丁寧に積み上げながら、最後はディープラーニングとは何か、そしてどうAI開発や運用がなされるのかを説明しています。近年乱立しており個別に勉強していくと混乱しがちなAIの用語やトピックが広く体系的に整理され述べられていますので、AI全体の概観を理解できます。G検定の資格取得を目指していなくてもぜひ読んでほしい、頭の整理にぴったりな一冊です。

データ分析が効果的な
課題の発見

「問題」と「課題」

では本節からいよいよ、データ分析で解くべき課題をどうやって発見していくのか
を見ていきます。

その前にまず、用語の定義をしておきます。本節最後の書籍紹介コラムでも紹介し
ている『問題発見プロフェッショナル「構想力と分析力」』では、「問題」と「課題」を別
のものとして定義しており、それに倣います。「問題はあるべき姿と現状とのギャップ」
であり、「課題はそのギャップを埋めるために解決すべきこと」と定義します。

具体例を挙げると、全世代向け商品なので全世代から同程度のシェアを取れるはず
（＝あるべき姿）なのに、若者のシェア率が低い（＝現状）というように、何がマズいの
かを示しているのが「問題」です。そして、若者への認知度が低いのがその原因なので、
若者への認知度を上げるべきというように、問題を解決するためのポイントを示すの
が「課題」です。そして、この違いを明確に意識すると、今後の分析アプローチで何か
ら始めるべきかの判断を、はっきり決めることが可能になります。パターンを3つ見て
いきましょう。

（1）「問題」がはっきりしていない

» **何から始めるべきか？**

「問題発見」から始めます。これは以下の手順で行います。

1. 「あるべき姿」は何なのかを描く
2. 「現状」を把握する
3. どこにギャップがあるのかを見つける

» **分析の効きどころ**

　現状を把握するために、いろんな数字（詳細は3章を参照）を可視化します（3章で述べる「基礎分析」を行います）。

» **アンチパターン**

　この段階では、「なぜ若者からの売上が低いんだろう？」などと、そのメカニズムを分析し始めるのは NG です。なぜなら、そもそも事業戦略上、この商品は若者を狙っていないということであれば、そのメカニズムを解き明かしても意味がないからです。すなわち、クライアントがギャップだとみなしていないところをいくら深掘りしても問題の解決にはつながらないからです。

　同様の理由で、「コールセンターの自動応答を導入しましょう」と、いきなり課題解決に向けた動きをするのも NG です。なぜなら、その解決策が本当に「問題」を解決するのか、すなわちあるべき姿と現状のギャップがどこにあるのかわからない段階なのに、それが本当にギャップを埋める手立てとなるのかは誰にもわからないからです。

(2) 「問題」は見つかっているが「課題」が定義できていない

» **何から始めるべきか？**

　なぜ、あるべき姿と現状にギャップが生じているのか、その理由や原因を探り、「課題定義」するところから始めます。

1. どのギャップに着目して分析するか、優先度を決める
2. 優先度の順に、ギャップが生じているメカニズムを探り、どこが課題なのかを見つける

» **分析の効きどころ**

　分析の優先度を決めるために、ギャップのなかでもビジネスインパクトの大きなところがどこかを探ります（3章で述べる「基礎分析」、特に3.2節のKPIツリー分解とシミュレーションを行います）。

　また、メカニズムを探るために、分析の深掘りを行います（3.1節のパターン2～5のグラフを活用したり、3.3節や3.4節記載のとおり指標や切り口を増やしたりしながら分析します）。

第 **2** 章　ビジネス課題の検出

» アンチパターン

　　まだまだこの段階でも、課題解決に向けた解決策を検討する等の動きをする
のは NG です。コールセンターのコスト増加が問題と分かったとしても、コスト
増加のメカニズムが分からないところで施策を適用するのは危険だからです。コ
スト増加の原因が、1 コール当たりの応対時間が長すぎることなのに、コール数
予測による余剰人員の削減を適用する解決策としてしまったら、真因を突いて
いませんので効果は薄くなってしまうからです。

図2.16　原因と解決策のミスマッチ

〈よくある例〉

最近、流行の AI を使って
レコメンドをやりましょう！

売上倍増！

なんか効果が出ない・・・

⇒ 偶然その企業の課題とマッチした AI なら
　効果が出るが、課題と合わないデータ分析・
　AI 活用だった場合には効果が出ない

〈課題特定後の解決策選択〉

・優良顧客の囲い込みに成功している
　→ 施策：レコメンドによるアップセルやクロス
　　　セルで単価アップ

・優良顧客は少数、ライトユーザが多い
　→ 施策：単価はある程度度外視しても、定着やファ
　　　ン化に効く商品のレコメンド（いかにこ
　　　のサービスを気に入ってもらって定着さ
　　　せるかが重要）

・顧客の新規獲得よりも離脱が圧倒的に多い
　→ 施策：レコメンドよりも顧客の離脱防止が急務

⇒ その企業の課題を的確に見極めて、それに
　マッチしたデータ分析・AI 活用をすべき

(3)「課題」も定義できている

» 何から始めるべきか？

　　課題を解決するための具体的な施策を考えるところ、すなわち「施策立案」か
ら始めます。また、施策効果の良し悪しや、その原因を追求します。

» 分析の効きどころ

　　打つべき施策を選ぶための判断材料を提示したり、施策の具体的な数字を決
めたりする（10% 割引なのか 5% 割引なのか等）ために、分析した数字からその
根拠を求めます。また、施策を実施した後の効果検証や、なぜうまくいったのか、
もしくはうまくいかなかったのかのメカニズムの探求を行います。

この上記3パターンのどれに該当するのかをはっきりさせず、そこが曖昧なまま進

めた結果、アンチパターンのようになってしまい、分析結果がイマイチなものになってしまうことはよくあります。特に、「データ分析をしたい」とクライアントから一口に言われることはあっても、「問題発見がまだできていないから、まずは現状把握のための分析をしたい」、「課題は定義できているから施策立案のための分析をしたい」といったように、どの段階の分析をしたいかまではなかなか言ってもらえません。そのため、クライアントがどの段階にあるのかをヒアリング等で把握し、適切なところから分析をスタートさせる必要があります。

　ということで、データ分析が課題解決にまで結びつかない要因を整理すると、次の図2.17のようになります。

図2.17　データ分析が課題解決にまで結びつかない要因4つ

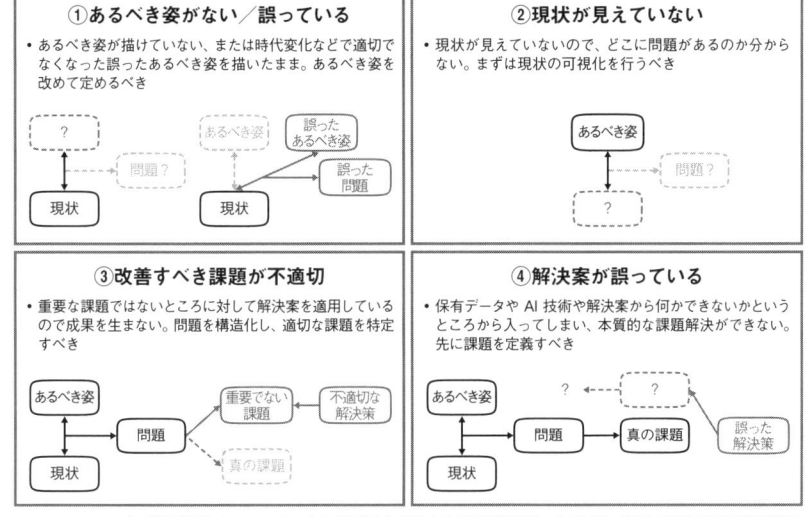

（※『問題発見プロフェッショナル「構想力と分析力」』（齋藤嘉則 著、ダイヤモンド社）の図を参考に筆者修正）

　さて、この3パターンに関して、それぞれ詳細に述べておきたいことがありますので、それを順次見ていきたいと思います。

<u>「問題発見」をいかに行うか？</u>

データ分析が課題解決にまで結びつかない4つの要因を挙げましたが、このうち要

因②・③・④については、データに基づく定量的な分析を行うことができます（よって、それらの具体的な手法は3章と4章で述べていきます）。

しかし、要因①はどうでしょうか。あるべき姿が定義できていないと言われても、分析する側としては困るでしょう。要は、これまでさんざん「目的を見据えて分析しましょう」と言ってきましたが、いわばその目的がないということだからです。ただし、データ分析の依頼では、たびたびこういう状況が発生するのも事実です。そこで、「問題発見自体をクライアントと一緒に整理しながらやる」というスキルも必要となってきます。「データ分析の範囲を超えているのでは？」と言いたくなってしまいますが、これがデータ活用の実情ですので、どうやるのかに触れていきたいと思います。

方法1：IR情報などから見つける

その際に最初に手がかりとなるのが、クライアント企業が出しているIR情報（近年は統合報告書という出され方もある）や中期経営計画、クライアントが自社の他部署ならその部署の事業戦略です。当然ながらそこに書かれている戦略に基づいて業務を行っているはず（担当者自身は目の前の業務が多忙でそれらの戦略を意識していないこともありますが、その上長や組織としては意識しながら動いているはず）ですので、それを参考にするに越したことはないでしょう。クライアント側の担当者自身からは言及がなくても、そこにヒントが隠されていることが多く、そこからあるべき姿（分析目的）を見つけ出して、逆にクライアントに伝えることもあります。

例えば、ある食品メーカーでの分析例では、「付加価値を付けた高単価商品の売上を10%伸ばす」という戦略がIR情報に書かれていました。そうすると分析方針が一気に立ちます。まず、あるべき姿は「高単価商品の売上10%向上」、現状把握として高単価商品に絞って売上データを分析します。そこでもし3%しか売上が伸びていなかったら、7%のギャップがあるので、「それが問題である」と見つけることができます。すると、「なぜ目標に反して売れていないのだろう？」という原因を探る分析、そして原因が分かればそれを解消する解決策の検討というように、先ほど述べた流れで分析を進めることができるわけです。

方法2：フレームワークを用いる

このようにIR情報や事業戦略などに明確に書かれている場合はよいですが、非常に抽象度の高い粒度でしか書かれていない戦略も多々あります。その場合、クライア

ントと一緒にあるべき姿を定義する必要があります。その際に使えるのが「問題発見の4P」です（再び『問題発見プロフェッショナル「構想力と分析力」』より）。

あるべき姿を描くために、以下の4つの軸を使って整理していきます。

- **目的軸（Pupose）**
  - » そもそも何のために行うのか
  - » 何のためにあるべき姿を目指すのか
  - » 何のためにそう決めたのか
- **立場軸（Position）**
  - » 誰にとっての問題なのか（例：経営者、管理職、営業、自社の顧客、など）
  - » 整理していくと、問題の対象となる「人」が変わることがある
- **空間軸（Perspective）**
  - » どの視点から問題を考えるのか（場所、範囲、領域）
  - » 視野が変わると、問題の対象スコープが変わることがある
- **時間軸（Period）**
  - » いつの時点の問題として考えるのか
  - » 近い将来（1～2年後）の環境を想定すると、現在と違う問題になることがある

4つの軸という抽象論だけではわかりづらいので、「タクシー事業の利益率を上げたい」という漠然としたリクエストに対して、この問題発見の4Pで整理してみたいと思います。立場軸を1つ取っても、タクシードライバー個人なのか、タクシー企業の経営者なのかと、いろんなプレイヤーがいることがわかり、利益率を上げるために目指せることが当然変わってきます。また、経営者視点で見ると、空間軸として、現在の営業エリア内で何とか利益を上げるのか、新たに営業エリアを拡大するのかと、これもパターンがいくつも考えられます。そこで、目的軸・立場軸・空間軸・時間軸のそれぞれ数あるパターンのなかから、以下のように選んで整理してみましょう。

候補例1：

目的軸	……	実車率を上げることにより利益率を上げる
立場軸	……	ドライバーが客探しで困っている
空間軸	……	ドライバー自身が担当する営業エリア内で、客の多そうな場所が分

かるようにする

時間軸 …… 乗客を降ろしたらすぐに次の客を探したい

⇒問題発見 ： ドライバーの実車率が低い

候補例2：

目的軸 …… 営業エリアの最適化により利益率を上げる

立場軸 …… 経営者が全社的に実車率向上を目指す

空間軸 …… 営業エリア拡大／縮小の検討や、各エリアへの最適な配車台数を決めたい

時間軸 …… 営業エリアごとの実績を可視化して、3カ月ごとに営業エリアと配車台数の見直しを行う

⇒問題発見 ： 営業エリアごとの配車台数が不適切

　あるべき姿を問われても、クライアント側も即答できないことは多々ありますが、こうやって整理していくことで、漠然としていた問題意識が具体化されていきます。そのうえで、現状を把握して本当にギャップがあるのか（問題の候補として挙げた懸念が実際に顕在化しているのか）を分析することによって、問題であると確定させることができるわけです。

仮説検証型分析と仮説探索型分析

　次に、課題定義をするために、なぜあるべき姿と現状にギャップが生じているのかその理由や原因、すなわちメカニズムを特定するところにも分析が使われると先述しました。その際のアプローチには、仮説検証型と仮説探索型の2つがありますので紹介します。

仮説検証型分析

　普段から自身の事業をより良くしようと考え続けている人は、「なぜうまくいかないのか」という課題の仮説や、「こういう施策をとればうまくいくのではないか」という仮説をたくさん持っています。この仕事をしていると時々そういう方に出会い、「本当にアイデアマンだな」と感じます。そしてそういう方々は、いろんなアイデアはあってもデー

タ分析スキルがないために検証できていない、もしくはデータ分析は自身でも行うが時間が足りなくて1つ1つ検証できていないというケースが往々にしてあります。このような担当者からの依頼で分析を行う場合は、「仮説検証型」で進めるのがよいです。

すなわち、文字どおり担当者が持つ仮説を、1つ1つ正しいかデータから検証していくわけです。何を検証したいのか（すなわち目的）が明確になっている段階からスタートして、それに沿って1つ1つ分析をやっていきますので、遠回りや試行錯誤をすることなく、非常に効率的に分析を進めることができます。そして、たいていの場合は担当者の仮説が当たるのですが、ときどき仮説と異なる結果が導かれることもあり、要は「データ分析による新しい知見の発見」ということにつながります（逆に言えば、仮説を持って眺めないと、何が新しい知見なのかを見極められないとも言えます）。

また、このようなタイプの担当者と一緒にやる場合は、分析結果を見せるとまたいろんなアイデアを投げかけてくれますので、分析報告書のような形で都度しっかりまとめてから報告するよりも、分析中の分析ツールの画面を一緒に見ながらあれやこれやとディスカッションする、それを頻度高く開催するという進め方のほうが適しています。

なお、仮説の洗い出しは、担当者からのヒアリングに限定する必要はありません。分析チーム側から仮説が出るのであれば、もちろんそれも検証していけばよいのです。また、いろんな分析案件でいろんな事業を見ていればいるほど、この仮説の精度も上がってきます。そういう意味でも、とにかく分析の数をこなすことが分析者側としても重要です。

仮説探索型分析

一方で、依頼元の担当者が異動直後などでまだその事業に明るくなく、課題の仮説を持っていないケースも往々にしてあります。そして、分析チーム側もその事業に関する知見や分析経験がなくて仮説を出せないという場合は、どうすればよいのでしょうか。この場合も分析を進めるテクニックが実はあります。それが「仮説探索型」でのやり方です。

「探索」という言葉に引きずられて、手当たり次第にグラフを作ったりして試行錯誤しがちですが、これでは非常に効率が悪くなりNGです。探索と言いつつも、体系的・網羅的に探索できる方法がありますので、その方法に従って分析していくことになります。その方法の詳細については3章を参照してください。まずは「仮説がない場合

でも分析を進めるためのテクニックがある」ということを、本章では認識しておいてください。

データ分析を使った施策立案

先ほど、「施策立案にもデータ分析が使える」と述べました。では次に、データ分析を使った施策立案とはどういうことか、具体例を挙げますので、そのイメージを掴んでください。

例として移動販売の弁当屋さんを考えてみましょう。どの商品がどの日時で売れたかという販売履歴、各商品の価格を含む商品マスタ、その日の天候や気温や曜日を記したカレンダーマスタのデータを持っているとします。そして、AI（機械学習）を使った分析によって、1日当たりの総売上を予測できるとともに、売上高に寄与している因子を定量的に可視化してくれるとします。

さて、このAIで算出した寄与度合いを見たところ、用意した弁当の種類はどれも売上の大きさにあまり寄与していませんでしたが、サイドメニューである唐揚げが寄与度として大きくプラスでした。そうすると「唐揚げが実は隠れたヒット商品なのでは？」との仮説が立ちます。そこで、「弁当屋店主が本気で作る唐揚げ」というのぼり旗を立てて、唐揚げ推しにしていくのも"アリ"です。

さらに言うと、もう少し深掘り分析すれば、施策のパターンとしてどれが適切かを具体的に決めることができます。

・ **唐揚げをほぼ毎回買うくらいのリピーターが多い**
→ それ目当てで来るくらいの味なので、いかにしてこれまで食べたことのなかった人に買ってもらって、おいしさに気付いてもらい、唐揚げファンにするかが重要。なので、ときどき唐揚げ1コ無料キャンペーンを行って、唐揚げを買ったことのない新規顧客に知ってもらうようにする。

・ **リピーターが少ない**
→ 味はまあまあで「今日は小腹が空いたから買うか」くらいの気分で選ばれているのかも。だとすると、強制的に購入頻度を上げる施策として、分析してみて1人当たり月平均2回ちょっとの購入なら、「それを3回に引き上げられないかな」と

いうことで、1カ月以内に唐揚げを3回買うと割引クーポン発行という施策にしてみる。

Point：割引クーポン発行の条件として、2回でもなく4回でもなく、3回と具体的に決められるところがミソ。2回だと、大半の人が今までどおり買っていてもクーポン発行の条件を満たしてしまうので、無駄なキャンペーン投資になってしまう。4回だと、「1カ月以内にあと2回も買わなきゃいけないのか」とハードルが高くなり、わざわざ達成しようという気が薄れる。これが3回だと、「あと1回買えばクーポンもらえるなら買おうか」という気にさせてくれる。

このように、どういう施策にすべきかや、施策内の閾値などの具体的な数字を決める場合は、それを現状の売れ方のメカニズムに沿った形で立案できるということです。

なお、ビジネスの実際の現場でも、この考え方は取り入れられています。某コンビニチェーンが「700円以上お買い上げでクーポン」みたいなキャンペーンをときどきやっていますが、これが600円でも800円でもなく700円である理由は、そのコンビニチェーンの顧客単価が650円だからです。あと50円なら何かちょっと買うだけで超えるので、「それならついでにあと1個、プラスで何か買おうかな」という気持ちにさせることができます。そのためにちょうどいいのが700円なのです。さらにこの話を進めると、別のコンビニチェーンが形だけを模倣して同じく700円以上お買い上げキャンペーンをやっていましたが、あまり効果は出なかったのではと思います。なぜなら、そのコンビニチェーンの顧客単価は500円だからです。お菓子1個買ってもお茶1本買っても700円は超えないので、「それではあと1個何かプラス買いしよう」という気分にさせることができていないと思われるからです。つまり、そのコンビニが同様のキャンペーンをやるなら、しっかり分析を行って、550円以上なり600円以上お買い上げでクーポンというキャンペーンにすべきだったでしょう。

また、ある飲料メーカーのアプリでは、飲料を1本買うとスタンプが1つ付与されて「スタンプを〇〇個集めると1本無料」という特典があります。このアプリですが、毎週ある曜日になると「本日はスタンプ2倍」という通知が送られてきます。では、なぜこのスタンプ2倍の施策は、週に2回でも1カ月に1回でもなく、1週間に1回なのでしょうか。これは分析の結果、購買離脱しにくい人の利用頻度の閾値が週1回ペースだったからだそうです。離脱防止という観点では、週2回ではインセンティブを与え

すぎであり、月1回では離脱防止にならないということで、週1回というのは分析に基づく絶妙な条件を設定した施策なのです。

　そして、施策検討時にもう1つ使えるのがオープンデータです。20代への認知度が低いことが分かったときに、20代に対して情報をより届きやすくする施策とは何でしょうか。政府が公開しているe-Statを使えば、20代が多く住んでいるエリアを特定できます。業界団体発の「普段からよく触れているメディア」を尋ねる世代別アンケートの調査結果を見れば、どのメディアに優先的に予算を投下すべきかがわかります。2.1節でスロット台の喩えを使い「少しでも確率が高いところへ」と述べましたが、データを使った施策というのはこのようなことをやっていけばよいのです。

書籍紹介コラム
『問題発見プロフェッショナル「構想力と分析力」』

（齋藤嘉則 著、ダイヤモンド社刊）

　「データや分析手法からではなく課題から入るべき」と繰り返し主張してきましたが、そのためには、そもそも課題を定義できること、そして課題定義のさらに大元となる問題を発見できることが重要となります。問題を発見するという点に着目してそのノウハウを体系的に分かりやすく述べている数少ない良書。特に、本書でも取り上げた「問題発見ができない4つの理由」の整理は秀逸です。

データ分析・AI活用で
実現できること

施策の一手段としてのデータ分析・AI活用

　前節では、問題と課題の言葉の定義を明確にして、その違いを意識することにより、各段階でどのような分析から始めるべきかを見てきました。では、データ分析・AI活用で行えることはこれだけでしょうか。多くの人にとってデータ分析・AI活用の話を混乱させてしまうのが、前節で紹介した問題や課題を見つけるためのデータ分析・AI活用もあれば、"施策の一手段"としてのデータ分析・AI活用もあるという両面性です。「データ分析・AI活用をやりたい」という際に、そもそもどっちの話をしているのかをはっきりさせないといけません。

　分析により課題が特定された場合、その解決のためにとりうる施策は多岐にわたります。例えば、ECサイトで1回当たりの顧客単価が低いということであれば、いい商品を検索しやすいようにサイトデザインを改善するという人手での対応策もありますし、この商品もオススメというレコメンドを行うためのAIを導入することもできます。コールセンターにおいて1コール当たりの応対時間が長いという課題に対して、応対マニュアルを整備するという人手での対応策もとれますし、生成AIを用いた自動応答システムを導入するという対応策もとれます。すなわち、分析で課題を特定した後の施策には、人手による対応策の場合もあれば、AI導入という"施策の一手段"としてデータ分析・AI活用がとられる場合があることが分かります。

　特に後者の場合については、人間が1つ1つ時間をかければ実現できるけれどもコストがかかりすぎるので実現してこなかったが、データ分析・AI活用であれば「人手をかけずに機械的に瞬時に実現できる」というケースが多くを占め、それが重要な特徴の1つです。ECサイトでのレコメンドであれば、「Aさんの購買履歴データと類似の商品を買っているBさんを探す」→「Bさんが買っていてまだAさんが買っていないも

のをAさんにお勧めする」というように、やりたいことの原理自体はシンプルですので、人手でExcelやSQLを使って分析していけばそのような商品を発見できるでしょう。ただし、10万人も会員がいて、かつ次々と新商品が出てくるなかで、これを人手でやっていたらコストに見合わないのでやってこなかっただけです。しかし、協調フィルタリングという分析手法を用いることで、これが瞬時にできるようになったことから、コストに見合うレベルとなりビジネスシーンで実用化されるようになったのです。

　ということで、2.3節と前述の内容から、データ分析・AI活用で実現できることの概要は以下のとおりとわかります。

表2.1　データ分析・AIで実現できること

すべきこと（※）	タスク概要	パターン	適用する分析手法等	本書での主な記載箇所
あるべき姿を描く	会社や事業として何を目指したいのかを言語化する	（現状把握型分析を行う場合もある）	定量的な分析手法はここでは使われない ただし、あるべき姿を描く際の参考情報として3.2節の基礎分析の結果もインプットに使う場合もある	2.3節、(3.2節)
問題定義をする	あるべき姿と現状とのギャップを把握する	（現状把握型分析とも呼ばれる）	3.1節のパターン1～3による可視化	3.1節
課題を特定する	問題が発生している原因やメカニズムを突き止める	仮説検証型分析	3.1節のパターン2～5による可視化	3.1節
		仮説探索型分析	3.1節のパターン2～5による可視化、3.2節の基礎分析 課題がはっきりしない場合は指標や切り口を増やしながら何度も可視化と解釈を繰り返す	3.1節、3.2節、3.3節、3.4節
解決策を検討する	課題を解決する方法を検討する	解決策自体にはデータ分析・AIは活用しない	施策効果の試算やシミュレーション 施策内の数値部分の根拠算出（例：何%割引とするのが最適なのか）	2.3節、3.2節
		解決策としてデータ分析・AIを活用	AIマップ（2.5で紹介）などを用いて課題とマッチした分析手法を探す 施策効果の試算やシミュレーション	2.5節、3.5節
解決策の効果検証をする	解決策が適切だったかの検証を行う 効果が十分でない場合はその原因を突き止める	解決策自体にはデータ分析・AIは活用しない	検証：3.1節のパターン1～3による可視化 原因追究：3.1節のパターン2～5による可視化、原因がはっきりしない場合は3.3節3.4節のとおり指標や切り口を増やしながら何度も可視化と解釈を繰り返す	3.1節、3.2節、3.3節、3.4節
	解決策が適切だったかの検証を行う 効果が十分でない場合は用いている切り口（説明変数）の追加や見直しによる精度チューニングを行う	解決策としてデータ分析・AIを活用 （意思決定の高度化）	構造化データ（AIマップの入力データとして「数値」や「テキスト」と書かれているもの）に関するAI適用が多い ⇒AIマップでは「数値予測」「因果推論」「スケジューリング」など	2.5節、3.4節、3.5節
		解決策としてデータ分析・AIを活用 （業務の自動化）	非構造化データ（AIマップの入力データとして「画像」や「音声」と書かれているもの）に関するAI適用が多い ⇒AIマップでは「運転・制御」「センサデータ認識」「音声対話」など	2.5節、3.4節、3.5節

※必ず上から順に行う。例えば、問題定義をされていないうちに課題を特定するための分析を行うのはNG。

　そして、この表に対しデータ分析・AIでどういうことができるかの事例が世の中でよく紹介されていますが、試しに各事例がこのタスク概要のどれにマッピングされるかを示したいと思います。世の中ではいろんな事例がそれぞれ個別に紹介されてい

て、データ分析・AI活用では何ができるのかイメージしづらかったと思いますが、こう見てみると、「なるほど結局はこういうことをしていたのか」と、頭の中が整理されることでしょう。

表2.2　データ分析・AI活用で実現できること―具体例とのマッピング

　経済産業省より『AI導入ガイドブック　構想検討パンフレット』(https://www.meti.go.jp/policy/it_policy/jinzai/AIutilization.html) というものが出ているため、そこに掲載されている「AI活用の例」を試しにどこに該当するか分類してみた。
　世間一般でAI適用事例が紹介されるときには「解決策としてデータ分析・AIを活用」のところだけフォーカスされることが多いので、課題を特定してからそれに適した解決策を選択すべきことや、課題によっては必ずしもAIを解決策として活用する必要はないことなどの、データ分析・AI活用の全体感における前提が語られないことが多い。これが安直にAIを適用しようとして効果が出ずに失敗する事象の一要因になっているのではと筆者は想定している。
　（なお、先に挙げた『AI導入ガイドブック　構想検討パンフレット』は、珍しくデータ分析・AI活用の全体感を示したうえで、併せて「AI活用の例」も紹介しているので、好例という意味もあって取り上げることにした。）

　「空・雨・傘」という問題解決のフレームワークを知っている方は、ここまでの整理を聞いてピンときたかもしれません。そうです、要は空・雨・傘のそれぞれでデータ活用が役に立つということです。「空」を見てまずは事実を確認します。次に、確認した事実を解釈して「雨が降りそうだ」と判断します。最後に、雨が降りそうだから「傘を持っていこう」と対策を講じます。この [現状確認→解釈→対策] が問題解決の基本的な流れと言われますが、データ活用はこの流れぞれぞれに役立つということです。

　逆に言えば、「空・雨・傘」のいずれにもデータ活用が登場してしまうので、本来は空の観察のためにデータ分析をしなければならないところを、傘の対策のためにデータ分析をやってしまっているという分析プロセス上の誤りを起こす原因にもなってしまいます。「空・雨・傘」のどこを今やっているのか、そこをちゃんと意識したうえで分析を行うことが重要となってきます。

すべきこと	パターン	分析の具体例
あるべき姿を描く	（現状把握型分析を行う場合もある）	
問題定義をする	（現状把握型分析とも呼ばれる）	
課題を特定する	仮説検証型分析	
	仮説探索型分析	
解決策を検討する	解決策自体にはデータ分析・AIは活用しない	
	解決策としてデータ分析・AIを活用	
解決策の効果検証をする	解決策自体にはデータ分析・AIは活用しない	
	解決策としてデータ分析・AIを活用（意思決定の高度化）	需要予測・在庫最適化 材料調達の最適化 運送ルート・積載計画の最適化 データマーケティング・クーポン最適化 小売価格最適化・ダイナミックプライシング 棚割・レイアウト最適化
	解決策としてデータ分析・AIを活用（業務の自動化）	文字認識（AI-OCR）による作業効率化 経理・人事業務の効率化 加工内容の図面解析による自動見積り 不良箇所自動検出による検品作業効率化 機械・施設の予知保全 AIチャットボットによる顧客コミュニケーション効率化

←問題定義を行い、さらに課題を特定したうえで、その解決に最適な解決策を選ぶべき、という暗黙の前提があることが見て取れるが、AI活用事例が紹介される際にはその話題には触れられないことがほとんど

←課題によっては必ずしもAIを解決策として活用する必要はない、という暗黙の前提があることが見て取れるが、AI活用事例が紹介される際にはその話題には触れられないことがほとんど

←AI活用は「意思決定の高度化」か「業務の自動化」のどちらかのパターンに行き着くことが改めて分かる

適用シーンの発見

　こうやって見ていくと、「データ分析・AI活用による解決が適していることは何か」というのも自ずと浮かび上がってきます。そして、1.3節で簡単に述べたパターンに集約されることが分かります。

できること1. 意思決定の高度化

- 問題を見つける（あるべき姿と現状のギャップを見つける）ために現状を可視化する
- 課題を特定するためにそのメカニズムを解き明かす
- 施策立案の根拠を作る
- 施策評価と成功or失敗のメカニズムを解き明かす

できること2. 業務の自動化

- 人間が1つ1つ人手で分析していたら時間がかかる（コストがかかる）ことに対して補助や自動化を行う
- 何度も同じ手順を繰り返し、かつ、手順を明確に定義できることに対して自動化

を行う

　さて、データ分析・AIでできることの抽象論は分かりましたが、「具体の業務で言うとどれ？」という話になってきます。データ分析・AI活用が世間的に非常に流行していることからも分かるとおり、適用シーンはもう本当に多岐にわたります（このように汎用性の非常に高い技術だからこそ、ここまでもてはやされているわけです）。したがって、1つ1つ挙げていくわけにはいきません。また、筆者自身も読者の皆さんも全業界のすべての業務を把握することは不可能ですから、1つ1つの業務を挙げてそれを整理していくようなアプローチは不適切と言えます。そこで、逆転の発想で、適用できる業務を見つける方法を紹介することにしたいと思います。

　ここで使うのが「カスタマージャーニー」です。Wikipediaには次のように定義されています。

　「商品やサービスの販売促進において、その商品・サービスを購入または利用する人物像（ペルソナ）を設定し、その行動、思考、感情を分析し、認知から検討、購入・利用へ至るシナリオを時系列で捉える考え方である。」

　本来はマーケティングに使われる考え方であり、ペルソナを設定したうえで、そのペルソナの1日の行動や商品・サービスに触れたときの流れを時系列で描きます。そして、その際に感じたであろう感情（ポジティブ／ネガティブともに）を洗い出し、そこから新商品やサービス改善のヒントを見つけようというものです。

図2.18　一般的なペルソナ設定とカスタマージャーニー

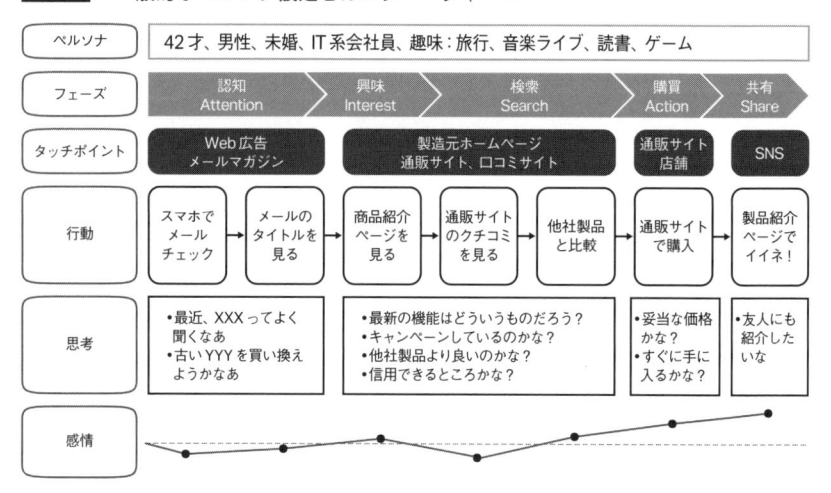

ペルソナ	42才、男性、未婚、IT系会社員、趣味：旅行、音楽ライブ、読書、ゲーム				
フェーズ	認知 Attention	興味 Interest	検索 Search	購買 Action	共有 Share
タッチポイント	Web広告 メールマガジン	製造元ホームページ 通販サイト、口コミサイト		通販サイト 店舗	SNS
行動	スマホでメールチェック / メールのタイトルを見る	商品紹介ページを見る / 通販サイトのクチコミを見る	他社製品と比較	通販サイトで購入	製品紹介ページでイイネ！
思考	・最近、XXXってよく聞くなあ ・古いYYYを買い換えようかなあ	・最新の機能はどういうものだろう？ ・キャンペーンしているのかな？ ・他社製品より良いのかな？ ・信用できるところかな？		・妥当な価格かな？ ・すぐに手に入るかな？	・友人にも紹介したいな
感情					

これがもともとの使われ方ですが、それをデータ分析・AI活用が適している業務を見つけるために応用します。ペルソナを設定して、その人の行動を時系列で描くところまでは同じです。そして、元々の使われ方であるその際の感情（ポジティブ／ネガティブともに）を洗い出すことだけにとどまらず、意思決定が行われたであろうところや、何かしらの判断が行われたであろうところも見つけて、それを書き出すのが今回のポイントです。すると、そのカスタマージャーニーを次のように解釈することで、データ分析・AI活用の適用可能箇所を見つけるヒントが得られます。

図2.19　データ分析・AI活用の適用可能箇所を見つけるカスタマージャーニー

■ ペルソナ設定の例

- **名前**：佐藤塩太
- **年齢**：47才
- **家族構成**：妻、子供2人
- **職業**：タクシードライバー
- **趣味**：休日の釣り
- **仕事に対する姿勢**：
  - 家庭を支えるために仕方なく働き、仕事へのプライドはあまりない
  - 特別何か技能を持っているわけではないので、免許さえあれば誰でもできそうなタクシードライバーを選んだ
  - 勤続25年、毎日無難にドライバー業務をこなしている
  - 営業成績、給料もそこそこ

■ ペルソナ設定のポイント：

顔が見えない抽象的な人物のイメージのままだと、カスタマージャーニーで行動や心情がうまく抽出できませんので、具体的にプロフィールを設定します

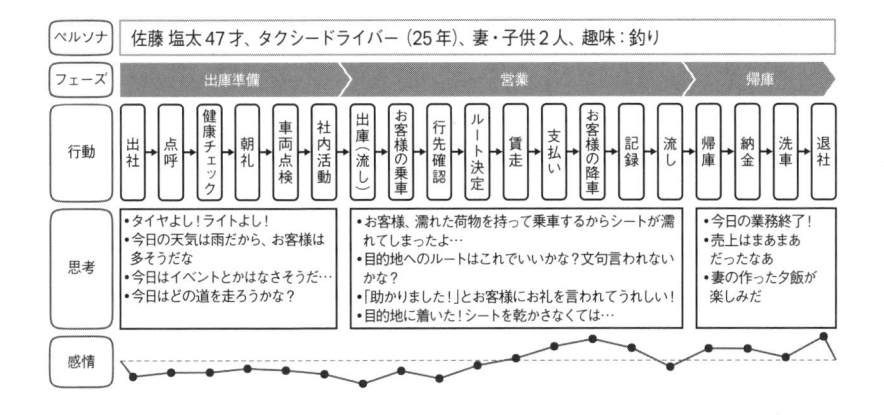

■**カスタマージャーニーからのデータ分析・AI活用の適用シーンの抽出**

● 人がなんらかの意思決定や判断をしているところ
　⇒データ分析・AI活用により、意思決定の高度化 or 業務の自動化 のサポートができないかの
　　ヒントとなる
　　　例）「タイヤよし！ランプよし！」
　　　　　⇒ 毎日のルーチンワークをある程度自動化できないか？（＝業務の自動化）
　　　例）「今日はどの道を走ろう？」
　　　　　⇒ ベテランの経験から乗客がいそうな道を予測できないか？（＝意思決定の自動化）
● プラスの感情のところは、その人が目指したいと思っている部分のところ
　⇒業務がより良くなるポイントのヒント
　　　例）「助かりました！」とお客様にお礼を言われてうれしい！
　　　　　⇒ 良いお客様、扱いの難しいお客様の分布状況からルートを選択できないか？
● マイナスの感情のところは、その人が避けたい/何とかしたいと思っている部分のところ
　⇒業務改善ができるポイントのヒント
　　　例）「目的地へのルートはこれでいいかな？文句言われないかな？」
　　　　　⇒ お客様の座席で、「お任せ」「ルート指定」などを音声入力やスマホのアプリで
　　　　　　お客様の納得いくルートを簡単に指定できないか？

　要は、「意思決定の高度化」か「何かしら人間が判断していたところの業務の自動化」
が、データ分析・AI活用でできることですので、このようにカスタマージャーニーを
応用することで、そのような業務を発見できるのです。

　なお、とは言いつつ、全く知らない業務を行っている人のカスタマージャーニーを
描くのは厳しいので、イメージを付けるためにも、以下のようなヒアリングを通じて事
前に概観を掴んでおくケースもあります。特に、「何を根拠にどう意思決定をしている
のか」というところをメインにヒアリングします。

(※マーケティング業務を例に)

＜業務の理想像と課題＞
— あるべき姿に向けて進んでいくに当って、阻害要因となりそうなところを把握し、それらを解決できるようなサービスの検討も行いたいため、2点お尋ねします。
- 実現ステップや活用案をご紹介したが、貴社の目指したいゴールと比べて相違や違和感はあるか。また、ほかに「このような活用もしてみたい」というものがあるか。
- そのやりたいことができていないのは、どこがボトルネックになっているのか。
  (例えば、担当者が忙しい、データ分析する手段がExcelくらいしかない、
  販売履歴/会員データからどう施策を考えるのかやり方がイメージできない、
  マーケティング活動のために導入したソフトやツールがうまく活用できていない、など)

＜現在のマーケティング施策のやり方について＞
— 販促施策や商品企画時にデータを活用できる場面が多く、具体的な活用シナリオをご提示したいため、3点お尋ねします。
- 販促施策 (キャンペーン実施、商品案内お知らせ配信、など) はどのようにして決めているか。検討の際に参考としているデータや情報は何かあるか。
- 販促施策に効果があったかどうかの検証はどのように行っているか。
- 商品企画を行う際にはどう進めているか。その際に参考としているデータや情報はあるか。

＜データ分析作業における現在の課題＞
- 何か分析したくなったら、今は誰がどのようにやっているか。
- その分析作業で手間がかかってしまっているところはあるか。
  (例えば、データ抽出依頼しても入手できるまで時間がかかる、分析のための事前加工が煩雑、分析に使っているソフトやツールの機能が不十分、など)

＜目指したいデータ分析作業の姿＞
- いつも分析してよく見ているグラフはあるか。もしくは見たいグラフのイメージがあれば。
- 1週間ごとに前週までのリアルタイムの顧客属性 (性別、年代、居住地、優良度など) ごとや店舗ごとの商品販売データが見られるとしたら、やってみたいことはあるか。

＜データ内容の確認＞
- どのようなデータがあるか。
  顧客マスタ、商品マスタ、販売履歴データ (どの顧客やどの店舗かを識別できるか?)、
  キャンペーン情報、ポイント履歴情報、etc…
- 各データの項目には何があるか (商品マスタであれば"カテゴリ"など)
- 過去何年分のデータがあるか。

　慣れないうちは難しそうに感じるかもしれませんが、やっていくうちにどんどん思いつけるようになってきますので、ぜひ繰り返しやっていきましょう。

書籍紹介コラム

『本物のデータ分析力が身に付く本』

（河村真一、日置孝一、野寺綾、西脇清行、山本華世 著、日経BP刊）

データ分析で有名な大阪ガスのデータサイエンティストチームによる本です。データ分析の設計から分析手法、そして分析結果のまとめ方に至るまで、データ分析プロセスの一通りの流れを紹介しており、まずは分析プロセスの教科書的な定石を身に付けたいという場合に最適な本です。

今お読みの本書第1章の書籍紹介コラムではデータサイエンティストとしての考え方や心構えの本を紹介しましたが、では次に「実際に分析をする際のプロセスは?」と問われたら、まずはこの本をオススメしています。筆者自身がデータ分析の勉強をある程度進めた後に、そのプロセスをまとめた教科書的な本を書いてみたいと志そうとしたことがありましたが、この本があまりにもよくまとめられていたため、「これ以上よい教科書的な本は書けない」と思って断念したほどの内容です。

2.5

ビジネス課題と分析手法の
マッピング

AIマップ

　課題の特定やデータ分析・AI活用の適用箇所を見つける手法について、前節まで見てきました。では、本章の最後として、「こういうことをやりたいときにどの分析手法を使うべきなのか」というマッピングを行う方法を取り上げていきます。

　まず、AIについては、「AIマップ」（β2.0：https://www.ai-gakkai.or.jp/aimap/）によく整理されていますので、それを参考にするのがよいでしょう。これは、AIの各手法という視点から整理しているのではなく、「何ができるのか?」という効用（AIマップ内では「課題」と呼んでいます）から入って、「それを実現するための分析手法としてはコレコレがある」というまとめ方をしています。

　これは非常にいい整理の仕方だと筆者も感じています。というのも、例えば「ニューラルネットワークの1つであるLSTMを使った分析ができます」と言われても、具体的に何を解決できるのかがよくわからないからです。一方で、このAIマップの場合は効用の側面からまとめられており、この課題を解決しようと思ったときにそれに適したAIの使い方はあるのか?、あるならどんな手法が使えそうなのか?という課題解決の思考の流れに沿ったまとめ方になっているため、課題と手法のマッピングが非常にしやすくなります。

　AIマップの使い方は紹介サイトに詳細に書かれていますが、本書でも例を挙げるとしたら次のようになります。

　例えば、やりたいこととしてこれまでよく例として挙げてきたコールセンターの改善について、AIが使えないかをこのAIマップを見ながら考えてみましょう。そうすると「運転・制御」や「認証」は違いそうだなとすぐわかりますし、「数値予測」でコール数の予測ができそう、「言語データ分析」で過去の応対記録の内容を分析してどんな

ジャンルの問い合わせが多発しているのか特定できそう、「知識整理」でベテランの応対内容をFAQ化できそうなどと、AIを使った適用案を効率的に洗い出せるでしょう。そして「数値予測」をやると決まったら、関連手法・技術として「回帰分析、RNN、LSTM、カルマンフィルタ、・・・」と書かれていますので、そこで初めて「コールセンターの課題解決にLSTMが使えるかもな」と、やりたいことと技術のマッピングができることになります。また、ここで「カルマンフィルタ」という技術が何かを知らなければ、この機会に勉強したうえで使っていけばいいのです。とにかくAI手法は大量にありすぎますので、何に使えるか分からずに手当たり次第に手法だけ勉強するよりも、「具体的にこれを解決したい、そのために必要な手法はコレ」という流れで勉強していくほうがはるかに効率的だと思います。

　AIの適用範囲の汎用性の広さから、数年前までは何を実現できるのか整理がなされていない状況でしたが、近年ではAIマップのように徐々に整理され始めてきた感があります。データサイエンティストに必要なスキルセットも当初は混沌としていましたが、そのうちDS協会によるスキルチェックリストとして整理されてきたように、AIにはどんな効用があるのかもさらに整理されていくと思われます。AIマップのように整理されたものを使って、効率的に課題の解決策を出していくことも重要なノウハウの1つでしょう。

　なお、AIマップには載っていない、AIを使わない昔ながらの分析手法も世の中には存在します。それらも、2.4節でまとめた適用シーンを使って整理すると、そのどれかに分類されることが分かります。この表に書かれた分析手法1つ1つの解説は、ネット上を調べればたくさん出てきますのでそちらに譲りたいと思いますが、どの分析手法も表内の「すべきこと」のどれかを行うためにやっているということを改めて意識してもらえればと思います。分析でやっていることの本質を見極めると、このどれかなのです。

表2.3　AI以外の分析手法とデータ分析・AI活用で実現できることのマッピング

　2.3節の書籍紹介コラムで取り上げた『問題発見プロフェッショナル「構想力と分析力」』(齋藤嘉則 著、ダイヤモンド社) で掲載されていたAI以外の (定量的な) 分析手法を試しにどこに該当するか分類してみた (注：複数のフェーズにまたがる分析手法もあるが、表の見やすさの便宜上、代表的なフェーズのところに記載した)。

　すると今度は、フェーズの上流のほうに集中していることがわかる。すなわち、AI以外の分析手法とAI手法の両方を理解して初めてデータ分析プロセスの流れ全体をカバーできると言える。

　また、AI以外の (定量的な) 分析手法はたくさんあるように思えるが、基本は「知りたいことの目的に沿った指標と切り口を適切に選んで可視化している」に過ぎない。すなわち、**いかに知りたいことの目的を明確にできるか、そしていかにいい指標と切り口を見つけてくるか**が重要と言える (本書3章でこの話題を重点的に取り上げている)。

　なお、3章でも少し述べているが、先人の知恵を借りないという手はない。**"知りたいことが明確になってさえいれば"**、該当する分析手法があるかWeb検索ができる時代なので、それも参考にすること。試しに「適切な価格設定をする際の分析手法」を検索すると、「PSM分析」というものを使えばよいことがすぐ分かる。

すべきこと	パターン	分析の具体例
あるべき姿を描く	(現状把握型分析を行う場合もある)	トレンド分析
問題定義をする	(現状把握型分析とも呼ばれる)	集中・分散分析 シェア分析
課題を特定する	仮説検証型分析	差異分析 相関分析
	仮説探索型分析	パレート分析 ABC分析
解決策を検討する	解決策自体にはデータ分析・AIは活用しない	付加価値分析 (コスト分析) 相関分析 感度分析 ピーク分析 リスク・期待値分析
	解決策としてデータ分析・AIを活用	
解決策の効果検証をする	解決策自体にはデータ分析・AIは活用しない	(「課題を特定する」の分析の具体例と同様)
	解決策としてデータ分析・AIを活用 (意思決定の高度化)	
	解決策としてデータ分析・AIを活用 (業務の自動化)	

業務をよく知ること

　AIで実現できることがAIマップのように整理されてくると、それを使って誰でも簡単にAI活用案を出せるようになって、徐々にスキルとしての差別化要素ではなくなってくる可能性もあります。すると、ビジネス課題と分析手法のマッピングができるというスキルの優位性を発揮するのには、マッピング先の分析手法の方ではなく、マッピング元となるビジネス課題をいかに見つけられるかがもう1つの勝負になってきます。

　ChatGPTをきっかけとした近年の生成AIの発展には目覚ましいものがあります。ChatGPTに先立って、ディープラーニングの登場により画像解析AIのビジネス適用

が現実的となりましたが、画像解析 AI の技術はビジネスシーンのどこに使われてきたでしょうか。2.2 節で挙げたとおり、不動産賃貸サイトの写真分類では人件費の節約による大幅なコスト削減を実現しました。AI の使いどころのポイントの 1 つである「日々大量の件数に対して何度も何度も繰り返して行われる業務、かつ、本来ならいちいち人が行う必要のない自動化したい単純業務（画像分類のビジネスロジックが定義できなかったので、自動化されていなかっただけ）」に該当する業務をうまく発見できたので、ジャストフィットしたわけです。このように、自身の担当以外の業務をよく知っていると、効果的な適用例を思いつけるようになります。

　では、ChatGPT はどんなビジネスシーンに適用できるでしょうか。私が見聞きしたものでいい適用例だと感じたのは、保険のコールセンター会話履歴の要約で、これも人件費の節約による大幅なコスト削減を実現しました。保険請求の際には、利用者が保険会社に電話して、請求対象となる事象について説明するのですが、その後、保険会社内で請求フローに回す際には、電話の内容を要約して報告書にまとめるそうです。これを人間が 1 から要約するのではなく、まずは ChatGPT にざっと要約させて、人間は不自然なところを直すだけというように業務を改善した事例があります。これも AI の使いどころのポイントの 1 つである「日々大量の件数に対して何度も何度も繰り返して行われる業務、かつ、本来ならいちいち人が行う必要のない自動化したい単純業務（自然言語要約のビジネスロジックが定義できなかったので、自動化されていなかっただけ）」に該当します。これも保険の請求業務を知っていればすぐに思い付けそうですが、逆に知らないと思い付きもしないでしょう。

　ChatGPT は非常に汎用性が高いですが、技術的に ChatGPT で何ができるかをよく知っていたとしても、このようにいろんな業務を知らなければマッピングは難しいでしょう。AI の新技術のウォッチはもちろん重要ですが、それ以外にも「世の中にどんなビジネスがあるんだろう、普段どんな業務が行われているんだろう、どんなことで困っているんだろう？」というように、いろんなビジネスに普段から嗅覚を研ぎ澄ませることも等しく重要になってくるわけです。

　余談ですが、プライベートの日常生活でもこの嗅覚を研ぎ澄ませる訓練はできます。例えば、洋服店に行ったとき、放っておいてほしいときに店員さんに声をかけられ、逆に店員さんに聞きたいときには周りにいないという経験をした方は多いでしょう。そして、この声掛けのタイミングがうまいベテランが接客する日は売上が高いといわれるように、売上にまでつながってしまう業務なのです。このベテランは、「今声をかけ

るとよさそうだ」という言わば何かしらの"特徴量"を見て判断しているわけで、この声掛けタイミング判定のAI化ができれば、声掛けが苦手な新人スタッフでもベテラン同等の売上につながるかもしれません。こんな具合に、「ここにAI使えないかな?」を探す訓練は、いつだってどこだって行えるのです。

データAI活用による新規ビジネス創出

　データ分析・AI活用を適用しての業務改善や課題解決の方法について、2.3節から述べてきました。しかし、データ分析・AI活用への期待として、「新規ビジネス創出（既存ビジネスの改善やサービス追加ではなく、全く新しいサービスや事業の立ち上げ）をしたい」というリクエストを受けることもあります。世の中には実際にAIを使った新規ビジネス創出の例もありますので、そういう期待が高まるのも当然でしょう。ただし、既存ビジネスの改善と新規ビジネス創出では難易度が全く異なることを述べておこうと思います。

　新しいビジネスやサービス・商品を作り出す方法として「デザイン思考が有効」と近年言われています。そして、新規ビジネス創出に必要不可欠な3要素を挙げた「3つのレンズ」という考え方があります。3要素とは「有用性、実現可能性、持続可能性」のことです。

図2.20　デザイン思考における３つのレンズ

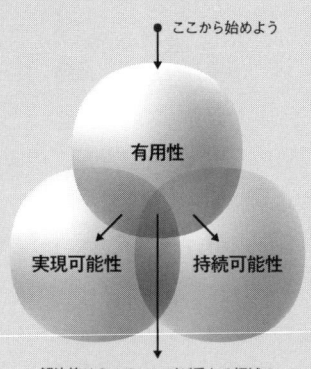

ここから始めよう

有用性

実現可能性　　持続可能性

解決策は３つのレンズが重なる領域のものであるべき

（※HCD toolkit, IDEO.org, https://www.designkit.org/resources/1.html の図を参考に筆者が修正）

　AIというと未来を感じてしまい、そのAI技術が十分な精度を出せるのかといった技術検証、すなわち「実現可能性」から検証しがちです。しかし、いくら高精度なAI技術を構築できても、その技術にニーズがなければビジネス化すること

はできません。技術先行で進めるAIベンチャーにありがちな失敗例です。

「実現可能性」から先に検証するのがNGであることは、この3つのレンズの図を眺めればすぐに分かります。「有用性」のところに「ここから始めよう」と矢印が伸びています。すなわち、「世の中にその課題を解決したいというニーズがあるか?」という有用性の見定めからまずは始めて、そのうえで「実現可能性」の検証に進みましょうということです。

2.1節などで、「データ分析は目的から入りましょう、課題から入りましょう」と言い続けてきましたが、デザイン思考の考え方に従うと、新規ビジネス創出でも同様だと言えそうです(注:技術から入ってそこから有用性が見つかるという方向でうまくいくことが全くないというわけではありません。その最たる例がブロックチェーン技術だと言われています。これは有用性から考えていたら絶対に出てこなかった技術だそうです。しかし、これはあくまでごく稀な例であり、世の中の成功事例の99%は有用性から入ったものというのが、ビジネス系のセミナーでよく聞く話です)。

さて、筆者もデザイン思考を以前から少しかじっていて、ここまでの話は理解していました。過去に、運送業界において未解決のある課題が存在することを見つけ、それをこのデータと分析手法を使って解決できるというプレゼンを社内のデータ利活用コンテストで行ったところ、最優秀賞を受賞し、ビジネス化に向けての動きが始まったという経験があります。しかし、結論から言うと、そのビジネス化は実現しませんでした。

実際に運送業者にこのサービスコンセプトを話したところ、「業界の課題をしっかり理解しているいいアイデアだ、こういうサービスがあるならぜひ使いたい」と、どの運送業者の方も評価してくれました。しかし、次の質問を投げかけると話が一変します。「このサービスにいくらくらいなら払えますでしょうか?」と。すると、「出せて数百円」という回答がほとんどでした。1000円くらい払ってもらえないと採算的に成り立たないと事前に見積っていたので、これではマネタイズが成立しないということでとん挫したのです。

ニーズや課題の見つけ方とその課題を解くための分析手法は本書のテーマです。しかし、いくらニーズ(有用性)はある、そして技術的にも実現可能(実現可能性)となっても、3つのレンズの最後の1つである持続可能性、すなわち「マネタイズが成立するか」を満たさないと、ビジネス化までは漕ぎ着かないのです。既にマネタイズが成立している事業に対して、データ／AI活用でサービス追加や業務改善を行うということと、マネタイズが成立するかも含めて検討が必要な新規ビジネス創出では、難易度が全く異なるということです。

では、この「持続可能性」を満たすためには、どうすればいいのでしょうか。実は、筆者自身もまだ答えを持っていません（それがこの話をコラムとした理由です）。そして近年の筆者の個人的な研究テーマでもありました。ただ最近、このテーマに対する解決策の1つなのでは?というものに出会うことができました。

デザイン思考を使った価値創造体験のプログラムを約半年間かけて実践で徹底的に学ぶという大学での社会人教育の研修を受ける機会がありました（3.2節のコラムを参照）。そこで学んだことは、ユーザニーズへの深掘りが全然足りないから、「便利と思うけどお金はそんなに出せない」という、マネタイズが成立しないビジネスアイデアにとどまってしまう。ユーザニーズを徹底的に深掘りして、ユーザ自身も言語化できていなかったような真のニーズを的確に捉えたときに、高額でも使いたいというユーザが現れ、シンプルなビジネスモデルでもおのずとマネタイズは成立するということでした。

研修の教授陣は最初のころからその話をしていましたが、受講者側としてはしばらく実感を持てませんでした。しかし、半年間実践を行うことで、筆者自身もその教えが腑に落ち、貴重な体験となりました（何十人にわたるユーザインタビュー、再三にわたるインサイト抽出の仮説とボツになった解決策の数々を経ましたが、そ

のくらい徹底的にやったことで、真のユーザニーズを突いていると思えるものをやっと1つ出すことができました）。持続可能性を実現するためには、複雑なビジネスモデルの構築と、いろんな複雑なお金の計算をして成り立たせる必要があるように思っていましたが、「そうではないのかも」と、発想が変わる研修でした。

すなわち、「有用性」のところに「ここから始めよう」と矢印が伸び、そこからさらに「持続可能性」へと矢印が伸びているのは、「有用性」から入ってそれを徹底的に検証することによっておのずと「持続可能性」の成立するところに持っていけるということを指している、ものすごく重要な矢印だと言えるのではないでしょうか。

ここまで述べてきた話は、あくまで「持続可能性を成立させるためにはどうすればよいか?」についての、現時点での筆者の仮説でしかありません。しかし、いくらいいデータAI活用のアイデアを出せて、かつ、いろんな分析手法も知っていても、マネタイズが成立するかは別の話です。そして、データAI活用による新規ビジネス創出には、データサイエンティストとしての知識だけでなく、デザイン思考なりビジネスモデル作成なりの別のスキルも必要になるので、難易度が非常に高くなるのです。これだけは理解してほしいと思い、コラムとしてこの話題を取り上げました。

書籍紹介コラム

『戦略的データサイエンス入門
―ビジネスに活かすコンセプトとテクニック』

(Foster Provost、Tom Fawcett 著、オライリージャパン刊)

「難解だが本質を突く内容で非常に有益」として、IT業界では有名なオライリーシリーズの本です。その例に漏れずなかなか読みごたえのある本ではありますが、データサイエンスとビジネスのつながりを深く理解できる良書です。

データサイエンスの技術的な手法を紹介する本は世の中に数あれど、ビジネス視点と絡めてデータサイエンスを語っている数少ない本の1つです。データサイエンスの各手法が実際にどういうビジネスシーンに活きるのか（課題とそれを解決する分析手法のマッピング）の感覚を掴めるようになります。

第3章

分析アプローチの設計

分析結果の
アウトプットパターン

「分けて、比べる」ためにグラフを作る

「データが重要、分析が重要」と言われて久しいですが、例えば上司から「分析してくれ」と言われたら、何から始めるでしょうか。

1.1節で述べたように「分けて、比べる」、これが分析の本質です。そして分けて、比べるという作業を視覚的に表したのがグラフです。人間が外界から得る情報の85%が視覚情報であると言われるとおり、視覚というのは非常にパワフルで、グラフ化（可視化）することで物事が非常に理解しやすくなります。このことから、分析結果の大半は最終的にグラフの形でアウトプットされます。

分析アプローチを設計する際には、当然ゴールのイメージが見えている、すなわち、どういうグラフのアウトプットとなるのかを見据えた状態になるのが理想です。よって、まずはこの節では、グラフのパターンを紹介していきます。

次の2つを比べてみてください。

図3.1 ただの数字とグラフ表現

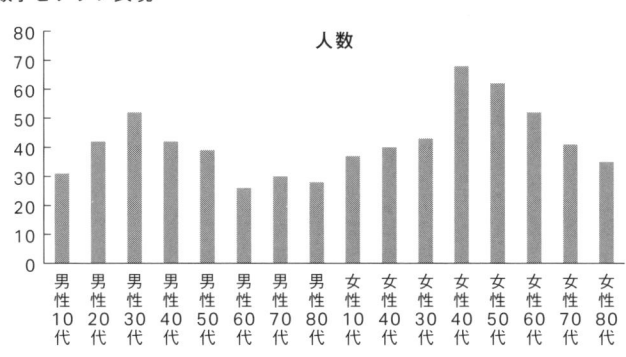

性年代	人数
男性10代	31
男性20代	42
男性30代	52
男性40代	42
男性50代	39
男性60代	26
男性70代	30
男性80代	28
女性10代	37
女性20代	40
女性30代	43
女性40代	68
女性50代	62
女性60代	52
女性70代	41
女性80代	35

どちらも全く同じ情報を示しています。しかし、グラフ化されているほうが、40代女性が最も多いと一瞬で分かりますし、「30代男性と60代女性は同じくらいなんだな」ということもパッと見で分かります。このように人間の視覚はモノの長さを比べることに長けているので、分析でグラフ化を行うのは情報をいち早く認識するための必須の表現なのです。

ちなみに後の伏線になりますが、グラフ化する理由は、ただの数字の羅列よりも情報をいち早く認識できるからです。逆に、情報をいち早く認識できないグラフは、グラフとしての本質を失っているのです。

では次に、グラフ作成のお作法を見ていきましょう。例えば、こういうグラフをよく見ると思います。

図3.2 改めてグラフの基本形

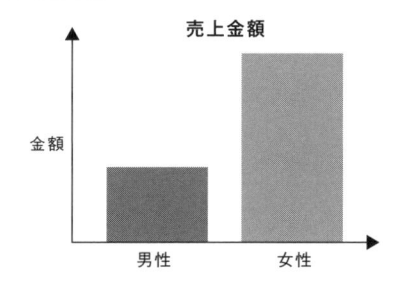

縦軸は売上金額で、こちらには定量的に表現できるものが示されます。横軸は男女別で、属性と呼ばれる比較対象にしたいものが示されます。ですので、縦軸の数字（「**指標**」と呼びます）として何を選び、横軸の属性（「**切り口**」と呼びます）として何を選ぶのか、これを適切に選んで可視化すればグラフになります。

言ってしまえばこれだけなのですが、この「適切に選ぶ」ことと、それをどう解釈して次のアクションにつなげるか、それが分析者の腕の見せ所になります。「どう解釈するか」という点については4章で述べますので、まずは「指標と切り口をどう設定するのか」という点を本章では述べていきたいと思います。

変数に関する最低限の統計知識

さてその前に、統計の詳細な知識は別の本に譲りますが、この後の節で必要になる

「変数」に関して、最低限の知識をまず紹介しておきます。

変数とはグラフに使われる値のことです。変数には4つの種類があり「名義尺度」「順序尺度」「間隔尺度」「比率尺度」と呼ばれます。さらに集約すると「質的変数」と「量的変数」に分けられます。それぞれの意味は以下のとおりです。

表3.1 変数の種類

質的変数	名義尺度	区別するだけで、順序や数値は伴わない （ビールよりコーヒーが大きいとは言わない） 例：性別、都道府県、商品名
	順序尺度	順序や大小には意味があるが、その間隔には意味がない （サイズLよりサイズSのほうが小さいが、LとSを引き算して2つ差があるとは言わない） 例：運動会順位1・2・3等、服のサイズS・M・L、XX資格試験1・2・3級
量的変数	間隔尺度	目盛が等間隔になっており、その間隔に意味がある （30度と10度は20度違うと引き算できるが、3倍暖かいとは言わない） 例：温度、偏差値
	比率尺度	0が原点で、その間隔と比率に意味がある （160cmと40cmは120cm違うと引き算できるし、4倍身長が高いと言える） 例：身長、速度

そして、これらと指標・切り口の関係性は次のとおりです。

指標になるのは量的変数だけです。一方で、切り口には量的変数も質的変数もなりえます。「量的変数も切り口になる？」と違和感を覚えるかもしれませんが、次のパターンを見れば納得がいくでしょう。量的変数が横軸に来るときは、区間に分けているというところがポイントですね。

図3.3 量的変数・質的変数のグラフのパターン

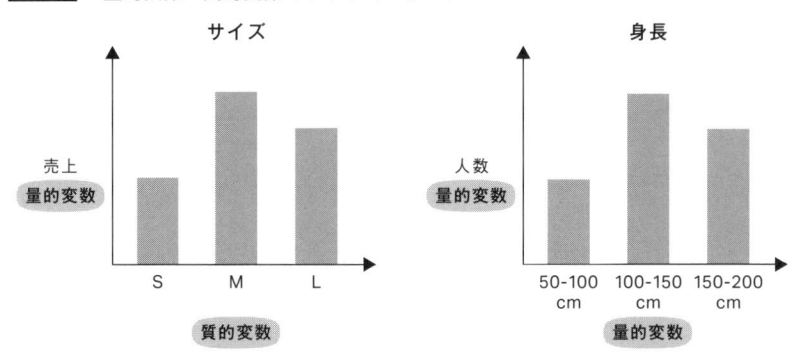

ビジネスでよく使うグラフの王道パターン

では次からいよいよグラフのパターンを見ていきましょう。グラフというと、箱ひげ図やらツリーマップやら、一度は聞いたことがあるものを含め、様々な種類が提唱されています。しかし、ビジネスの世界では、グラフを見て意思決定につなぐために、とりあえず以下の5つを覚えておけば「まずはOK！」です。なぜならほとんどの場合、他の様々なグラフの大多数は、この5つのパターンで代替できるからです。

パターン1：基本形

・指標1つ＋切り口1つ、「縦軸：指標」×「横軸：切り口」

単純な集計や、全体感の概要把握に使われます。また、すべてのグラフの基本となる形であり、これまで何度も「グラフとは何か」の例として挙げてきました。基本は棒グラフの形で表すのがよいでしょう。

図3.4 パターン1：基本形のグラフ

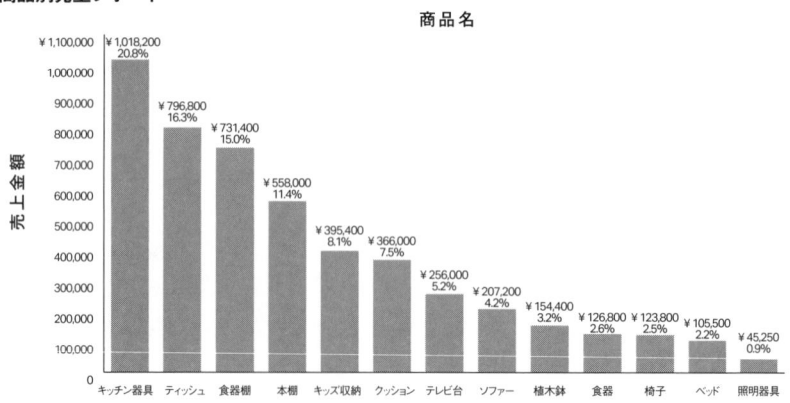

ただし、時間を表す変数が横軸に来る場合は、一般的なルールとして折れ線グラフにするのが普通です。棒グラフでも同じことを表せますが、変数が時間のときは、時間経過に伴う推移や変化に着目するケースが多いからです。どのくらい上がったか、下がったかを見るには、折れ線の形のほうが適切ということでしょう。

図 3.5　パターン１ a ：基本形（時系列）のグラフ

時系列売上レポート

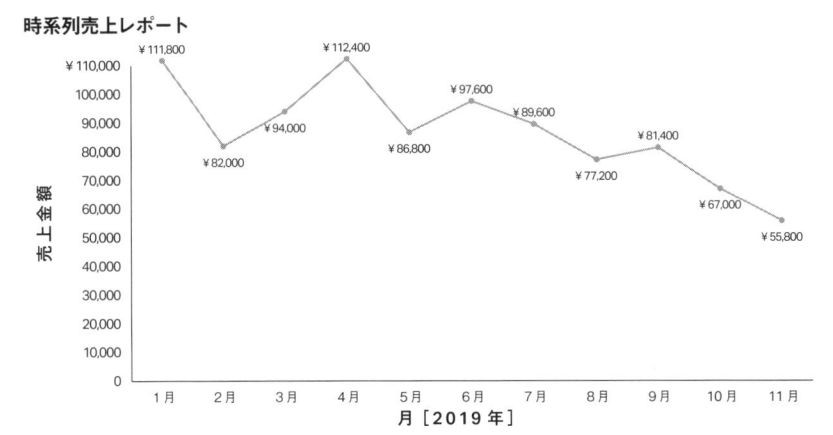

また、切り口が都道府県や市区町村などの地理情報の場合は、地図上に可視化すると非常にパワフルです。こちらも棒グラフで表せはしますが、各地名同士の位置関係がパッとは分からないので、特徴や共通項を解釈するのが厳しかったりします。

これを次の図のように地図で可視化すると、「新潟市の東側周辺のほうが、値が大きい傾向にある」という解釈がパッと見で分かりますね。そしてその際、（後述しますが）指標の大小を濃淡で表すと、直感的に解釈しやすくなりますが、厳密な大小関係は分かりづらくなるので、数字も併記するとよいでしょう。また、地元の人でない限り、地図上の場所から市区町村名を連想できないので、地名も表示しておくとよいと思います。なお、近年は各種BIツールのおかげで地図上での可視化も容易にできるようになったので、活用しない手はないでしょう。

図3.6 　パターン1ｂ：基本形（地理情報）のグラフ

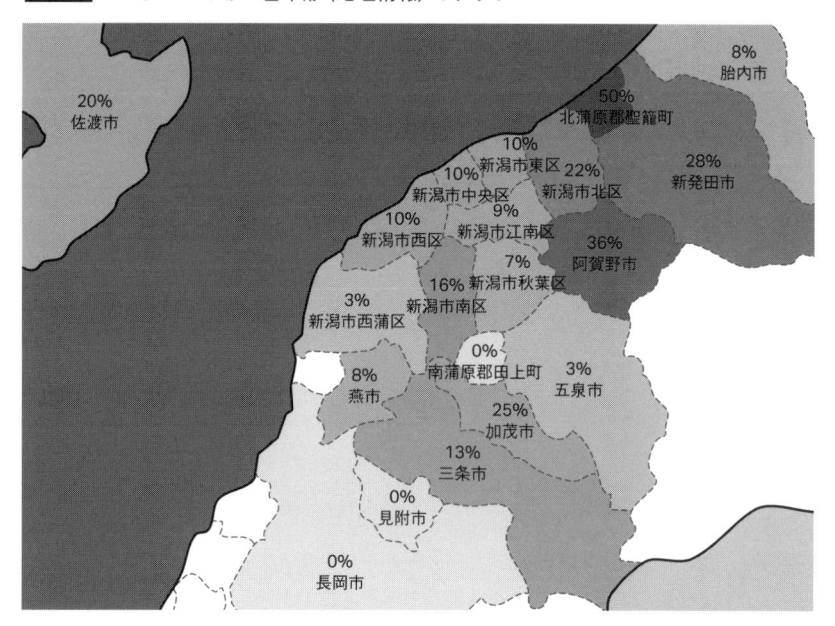

パターン2：構成比

- **指標1つ＋切り口2つ、「縦軸：指標」×「横軸：比較対象となる切り口」×「色：要因候補の切り口」**

　パターンの2番目は構成比を表すグラフです。パターン1の基本形に対し、もう1つ切り口となる変数を持ってきて、それを色で表現します。これは、なぜそういう事象が起こっているのかの要因を特定する際などによく使います。分析の専門用語では、俗に「ドリルダウン」と呼ばれる操作を指します。

図3.7　　パターン２：構成比のグラフ

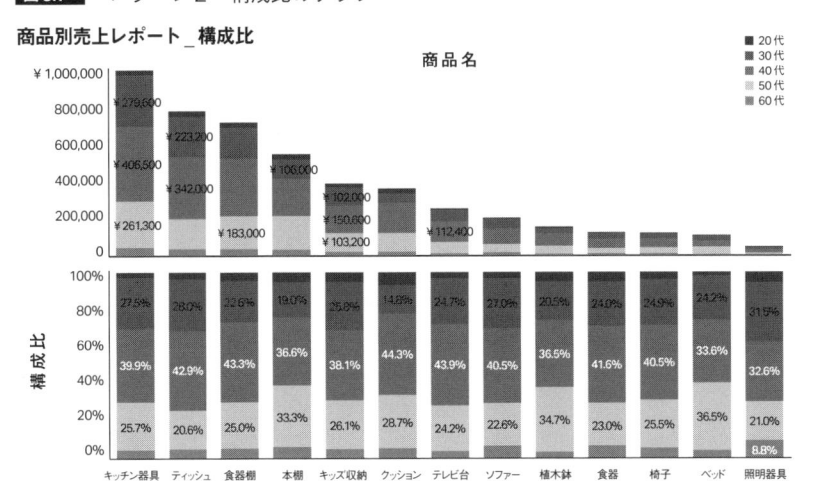

商品別売上レポート _構成比

この図の例では、商品の分析を行っているとします。まずは比較したい商品が横軸にきます。そして、なぜその商品が売れているのかの要因を特定するために、その候補と考えられる切り口を、可視化表現である色を使って、いろいろと掛け合わせてみます。

前述のとおり、本来世の中の物事はランダムに起こるので、ほとんどの場合この構成比に差は出ません。ただし、ときどき差が出ていることがあり、それは何かしら、その商品だけの特徴が表れていたり、機会や課題が隠れていると推測され、分析において着目すべき部分となります。図の例で言えば、キッチン器具は30代の構成比が他商品の30代の売上の場合と比べて高いので、「主要商品であるキッチン器具の売上を支えているのは若者の貢献も大きいのではないか」と推測できます。あるいは、「注力商品の１つである本棚の売上が振るわない理由は、本棚のメイン購買層は年配なのに、これまで若者をターゲットとしたブランドイメージ構築やプロモーションばかりで、年配層に認知されていないことが要因ではないか」といったように解釈していくわけです。

なおこのグラフでは、「構成"比"」という、足して100%になる表現に置き換えていますので、可視化の際に１点注意が必要です。次のグラフを見たときに、商品Cだけ20代の割合が高いので、若者に人気の商品だと言えるでしょうか。

図3.8 20代に人気の商品か？

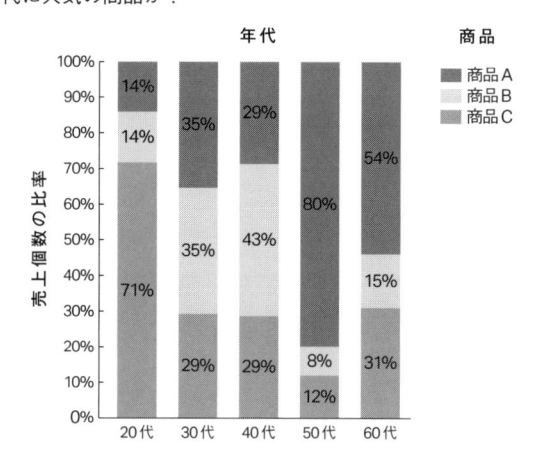

上の図を下のようにすると、正確な状況が分かります。

図3.9 絶対数の確認は必須

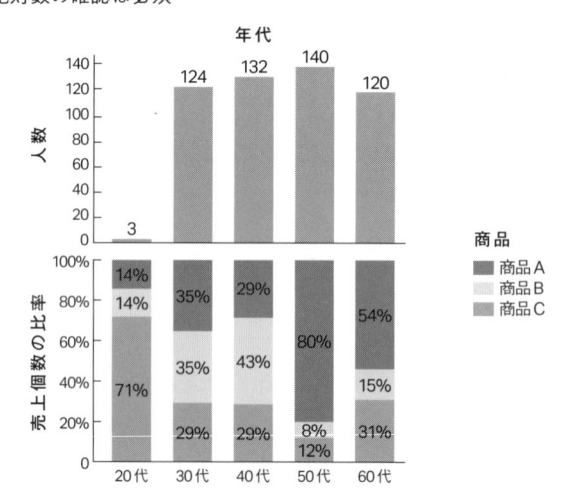

　絶対数（この図の場合では人数）が極端に少ない場合には、僅かな偶然のゆらぎに
よって構成比が左右されてしまうことがあります。改善後の図のように絶対数も同時
に示せば、たまたまこういう構成比に見えているだけなのか、それとも実際に構成比
が違うのか、解釈の誤りを防げます。

パターン3：クロス集計

- 指標1つ＋切り口2つ、「縦軸：指標と比較対象となる切り口1番目」×「横軸：比較対象となる切り口2番目」
- 指標1つ＋切り口2つ、「縦軸：比較対象となる切り口1番目」×「横軸：比較対象となる切り口2番目」×「セル内：指標」

　3番目のパターンはクロス集計です。さきほどのパターン2では、単に商品別の分析をしたく、その要因特定に2番目の切り口を使いました。パターン3を用いるのは、例えば「エリアごとに販売戦略を変えたい」といった目的から、「商品別・地域別の両方の観点で分析していきたい」というケースです。このような場合には、棒グラフを並べるか、「クロス集計表」と呼ばれる表形式にするのがよいでしょう。

図3.10　パターン3：クロス集計の棒グラフ

商品別・地域別売上レポート_棒グラフ

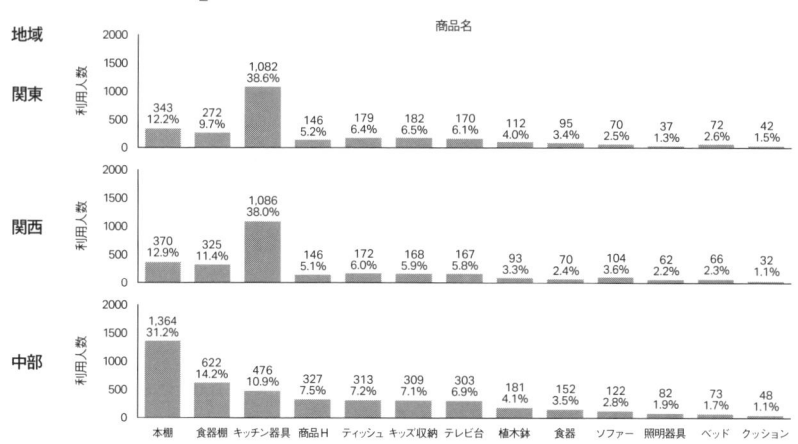

　棒グラフは値の大きさが棒の長さで表されるので直感的に分かりやすいのですが、今回のパターンの場合、地域別に3つのグラフがあるせいで、どれか1つのグラフしか指標の大きい順に並べることができず、高さを比較しづらくなります。

表3.2　パターン３ａ：クロス集計表

商品別・地域別売上レポート_ヒートマップ

商品名	関東	地域 関西	中部
キッチン収納	182	168	309
キッチン器具	1,082	1,086	476
クッション	42	32	48
ティッシュ	179	172	313
テレビ台	170	167	303
ソファー	70	104	122
椅子	146	146	327
ベッド	72	66	73
照明器具	37	62	82
植木鉢	112	93	181
食器	95	70	152
食器棚	272	325	622
本棚	343	370	1,364

　一方、表形式の場合は、棒の高さでは表現できませんが、色の濃淡も直感的に分かりやすい表現の1つです。このように指標の大小を色の濃淡で表すことを、俗にヒートマップと呼びます。

　このパターン３・クロス集計の場合、棒グラフもヒートマップにも一長一短がありますので、実際に両方可視化してみて、どちらが見やすそうかで判断するとよいでしょう。

パターン４：切り口３つ以上のクロス集計

- 指標１つ＋切り口３つ、「縦軸：指標と比較対象となる切り口１番目」×「横軸：比較対象となる切り口２番目」×「フィルター：比較対象となる切り口３番目以降」
- 指標１つ＋切り口３つ、「縦軸：比較対象となる切り口１番目」×「横軸：比較対象となる切り口２番目」×「セル内：指標」×「フィルター：比較対象となる切り口３番目以降」

　４番目のパターンは、商品別・地域別・曜日別のように３つ以上の切り口で分析したいケースです。ただしこうなってくると、人間に分かりやすい形で一発で表現できる方法はありません。そこで、パターン３のグラフを作成して、３番目の切り口別にそれぞれ準備するという手段をとります（次の図では棒グラフ形式の場合を示しました

が、ヒートマップ形式でも同様です）。

図3.11　パターン４：切り口３つ以上のクロス集計

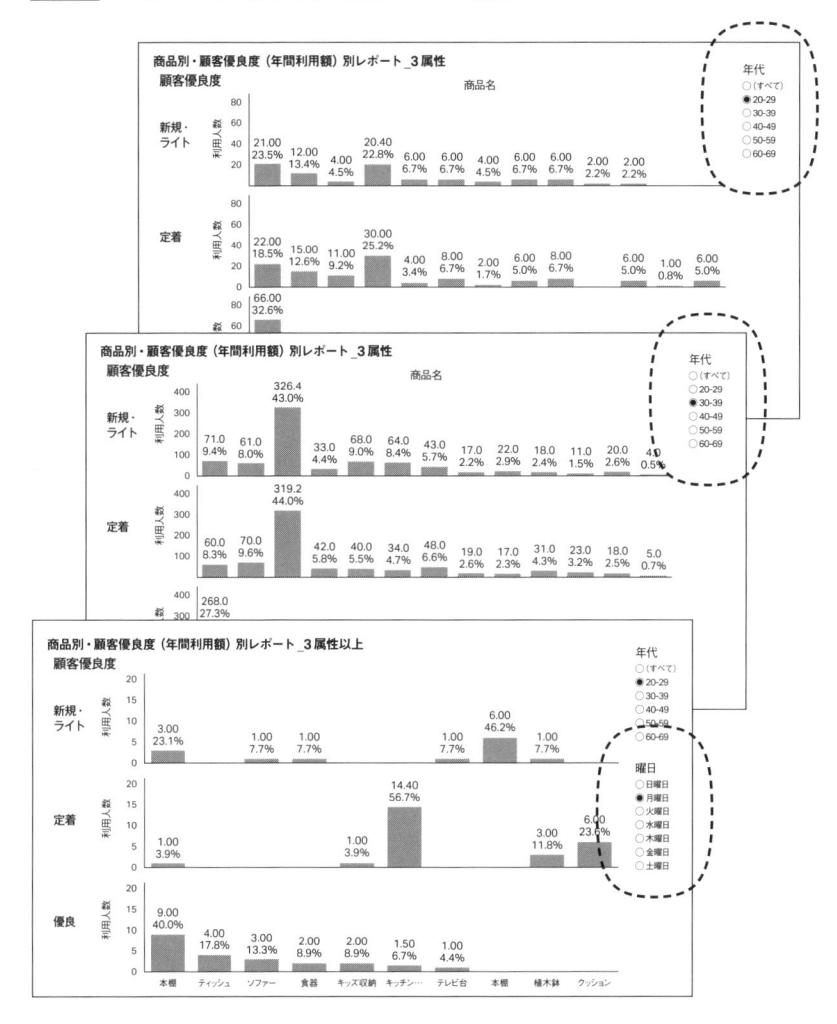

　BIツールであれば、フィルター機能を使って、３番目の切り口（上記図の例だと年代）を切り変えながら見ることができます。４番目・５番目の切り口（上記図の例だと４番目の切り口が曜日）が出てきても、フィルターを並べて対応できます。なお、３つの軸を同時に表す方法として、ときどきX軸・Y軸・Z軸の立体表現でグラフが示されま

すが、人間は遠近感を正確に捉えるのが苦手なので、奥行きを使った表現は適切とは言えません。

さて、クロス集計に関連して、ここでちょっと、AI（機械学習）にまつわる話をしておきましょう。世の中には「交互作用」という現象があります。パターン1のような単純集計では分からないような事象が世の中ではときどき起こります。年代別で見ると40代が多く、性別で見ると男性が多いのに、年代別・性別で見ると実は30代女性が多いといったパターンです。こうした交互作用、すなわち年代と性別のように、複数の要因が組み合わさることで現れる効果があるからこそ、クロス集計が重要となってくるのです。

しかし、パターン3と4で見たとおり、人間が解釈するには、切り口2つまでのグラフ表現が限界であり、もっと多くの切り口で分析しようとすると、フィルターを1つ1つ切り替えて見ていくことになってしまいます。しかし、世の中はいろんな事象が複雑に絡み合っていますので、切り口となる変数の候補は多数あります。それらをパターン4の方法で1つ1つ人間が見ていくのには、限界があるのです。その解決策となるのがAI（機械学習）であり、それがAI（機械学習）の有効な使い方の1つなのです。

例えば、住宅販売の営業シーンを想定してみてください。モデルルームに来場した顧客からはアンケートを取るでしょう。かなり細かい情報まで得るために、アンケート項目は50問くらいあったりします。では、どういう回答をしている人が住宅購入に結び付きやすいのか、過去のアンケート結果から傾向を探れば、見込み客を推測できそうです。コンセプトはそのとおりなのですが、実際にやろうと思うと大変です。

パターン1のように単純にそれぞれの切り口で分析して、年代別で見ると40代が多く、性別で見ると男性が多く、「だから40代男性が一番のメインターゲットだろう」とはいかないのが先も説明した交互作用です。そこでクロス集計が必要となってきますが、切り口50個なんてやってられません。AI（機械学習）はそれをやってくれます。交互作用も考慮して、切り口50個分をまさに機械的に全部見たうえで、結果を出してくれるのです。「この人の購入確率は○○％」と答えるスコアリング予測のAI（機械学習）はよくありますが、裏ではまさにこういうことをしているのです。

パターン5：相関図

・ 指標2つ、「縦軸：指標」×「横軸：指標」

　さて、最後のパターンは相関図です。その名のとおり、指標同士の相関を見るパターンです。

図3.12　　パターン5：相関図

売上金額と利用回数 _ 会員分布レポート

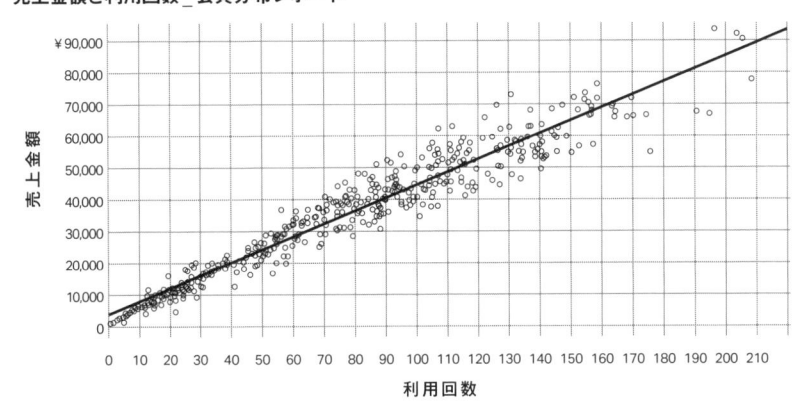

　相関図ではものごとの因果関係を直接的に推測できますので、非常にパワフルな可視化と言えます。上の図の例でいうと、サイトの利用回数と売上金額のように明らかに因果関係があるものをプロットすると、このようにきれいな相関図が描かれます。

　さて、この相関図に関して注意すべきポイントが2点あります。

　まず、この相関の強さをもっと定量的に分かるようにする「相関係数」と呼ばれるものがあります。完全に相関（完全な正比例になっている）だと1、全くの無相関なら0、その中間のある程度の相関関係なら0.3やら0.8やらの値、完全に逆相関（完全な逆比例になっている）だと－1という具合です。

　このように定量的に分かるのであれば、「それなら可視化せずに値にだけ着目すればいいじゃないか」と思うかもしれません。しかし、相関係数には、「直線的な関係があるかどうかだけを見ている」という前提があり、その点に要注意です。例えばこの図の例は明らかに指標同士に関係がありそうですが、直線ではないので、計算上は相関

係数0と判定されてしまいます。

図3.13 相関はない？

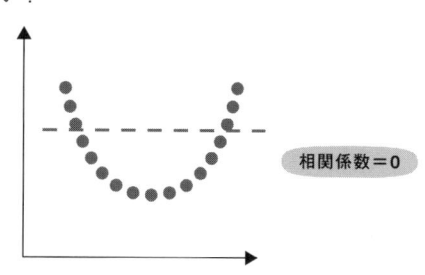

相関係数＝0

　相関係数はプログラミングや分析ツールで簡単に算出されるようになりましたが、上記の理由から、必ず「実際の相関図はどうなっているか」をちゃんと可視化して見てやる必要があります。

　もう1つの注意点は、「必ずしも因果関係＝相関関係ではない」こと、すなわち「偽相関」と言われる現象です。

　有名なのは「アイスの売上が伸びると海水浴場での海難事故が増える」という相関です。このとき、「海難事故を防ぐためにアイスの購入を控えよう」といったら、明らかに誤りだと誰でもすぐに分かるでしょう。夏になって気温が上がる（事象A）からアイスの売上が伸びる（事象B）、夏になって気温が上がる（事象A）から海水浴場に行く人が増える（事象C）というように、事象Aと事象Bに因果関係、事象Aと事象Cに因果関係がそれぞれある場合、事象Bと事象Cの間にも相関関係が生じてしまうのです。ですが、事象Bと事象Cの間には因果関係はもちろんありません。

　極端な話になると、出典は忘れましたが、「人口に対する喫煙率が高い国ほど、その国の平均寿命は高い」という相関があるそうです。「余暇や趣味にお金を費やせるくらい裕福な国なので喫煙率が高い」、「裕福な国なので適切な医療を受けることができ平均寿命は高い」というのが正しい因果関係なわけです。しかし、相関関係を因果関係であると信じてしまうと、「健康のためにたばこを吸いましょう」という誤った施策につながってしまいます。

　このような偽相関には注意が必要です。人命を左右しないまでも、会社のコストを無駄使いするような悪影響を及ぼしかねません。これは笑い事ではありません。実際に分析していると、正しい因果関係に基づいて施策を打っているのか、ちょっと疑問

に思うようなケースにときどきぶつかります。

　例えば、「DM（ダイレクトメール）送付を許可している人のほうが売上は高い」という関係が出たときに、「ならば、DM送付を許可してくれるように、キャンペーンで特典を付与しよう」とするなどです。もし、DMの内容が素晴らしく、「DMを見て商品を買いたくなった」という因果関係ならば、確かにこのキャンペーンは適切でしょう。一方で、「この会社のブランドが好き（DMを眺めているだけでも楽しい）、なのでDM送付を許可している」という人がほとんどだったらどうでしょうか。「この会社のブランドが好き（事象A）、だからDM送付許可にする（事象B）」、「この会社のブランドが好き（事象A）、だから（DMが送付されようがされまいが）たくさん商品を買う（事象C）」という偽相関にひょっとしたらなっているかもしれません。そうすると、このブランドが特に好きでもなく、「今後DMが送られてきても買わないだろうな」という顧客に対しても、特典を付けるはめになり、せっかくの貴重な販促費の無駄使いとなってしまいます。

　このように実際のビジネスシーンだと、偽相関か因果かの判断が難しいケースがあるので、本当に因果なのか立ち止まって考察するなり、どっちが真実なのか分析を深掘りするなり、慎重さが必要となるでしょう。

　なお、どうしても因果関係であると確定できない場合、予算が許すのであれば、因果関係だという仮説の下に施策を打ってみて、真実だったかどうか効果検証するという手もあります。科学的真実を求めていつまでも分析に時間をかけるよりも（分析作業にもコストがかかっています）、PDCAを回してその真偽を素早く判断するという態度も大切です。

　以上、5つのパターン（プラスその派生形）を紹介しました。筆者自身様々なビジネス上の分析案件をこなしてきましたが、この5つのパターンさえあれば十中八九は事足りると感じています。

<u>アンチパターン</u>

　他方、ビジネスにおいては好ましくないグラフもあります。なんとなく見た目が凄そうですし、近年は各種BIツールでそのようなグラフを簡単に作れるようになったので、思わず使いたくなってしまう気持ちも理解できます。しかし、「情報をいち早く認識するため」という目的から外れてしまっては意味がありません。

例えば円グラフです。人間の視覚は長さの評価は得意なのですが、面積の比較は不得意です。

図3.14 円グラフと棒グラフ

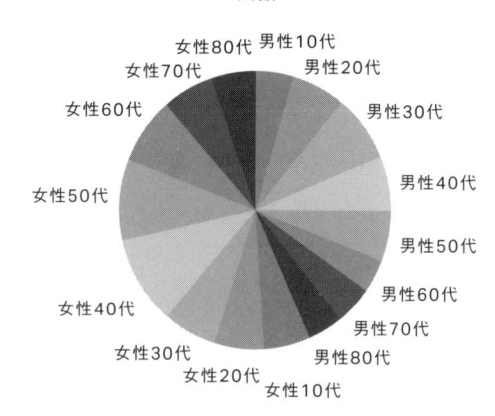

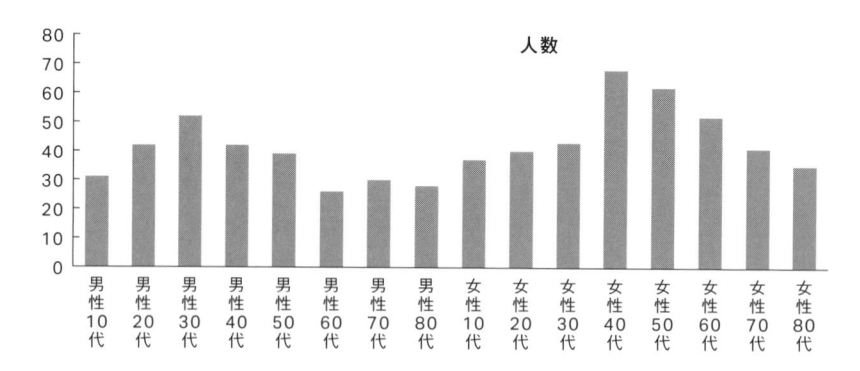

女性20代と女性30代のどちらが多いでしょうか。微妙ですね。しかし棒グラフなら、「ほぼ同じだけど女性30代のほうがちょっとだけ大きい」とすぐわかります。円グラフは棒グラフで代替できるのです。

また、3Dの円グラフはさらにご法度です。平面でさえ面積比較は厳しいのに、3Dはさらに比較を困難にします。「凄そう」という以外の何ものでもありません。

同様に、ツリーマップもNGです。これも凄そうなグラフですが、非常に比較しづらいです。ティッシュと食器棚のどちらの売上が高いか、ぱっと見で分かりません。棒

グラフで表したら一発で分かります。

図3.15　ツリーマップと棒グラフ

商品別売上レポート_ツリーマップ

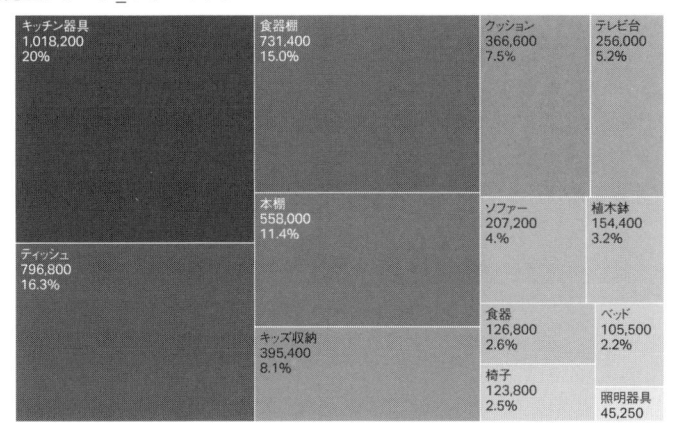

商品別売上レポート

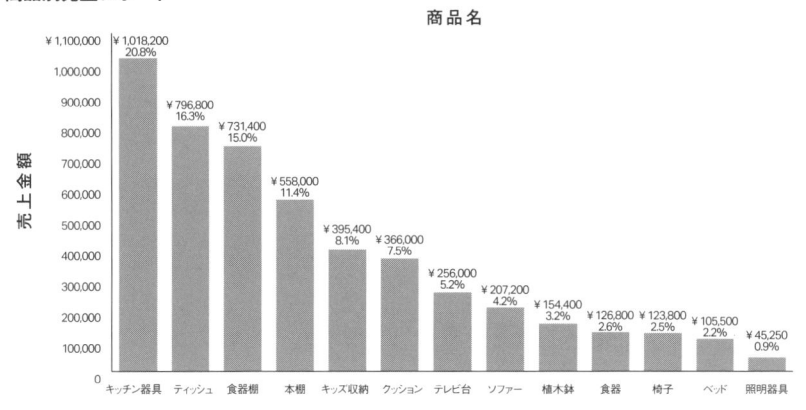

　色の多用もNGです。色はパワフルな表現ですが、だからこそ不要な色は使わないようにしないと情報過多となり、「いち早く情報を認識する」という本来の目的を阻害します。例えば「パターン1：基本形」は色を使わないで表現できます。どちらのグラフも実際の情報量は同じですよね。

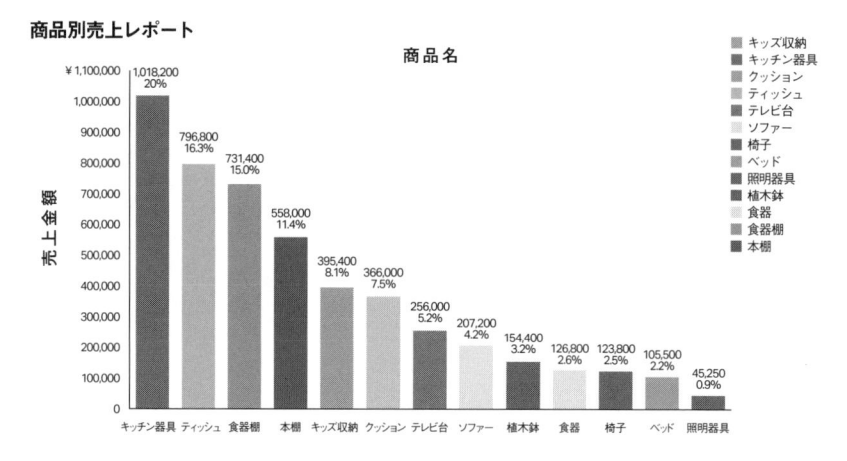

図3.16 不要な色の多用

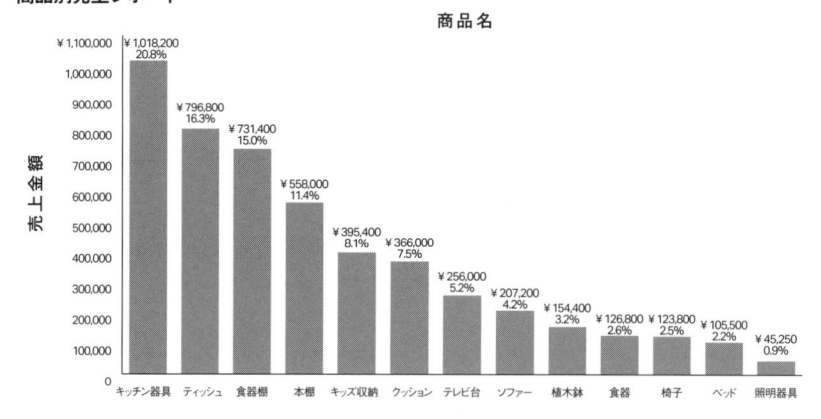

　ちなみに一度、分析ツール等を宣伝しているホームページやパンフレットを見てみてください。サンプルとして表示されているグラフが非常にカラフルです。凄そうに見えるので、そのツールも凄いことができそうと感じてしまいがちですが、ちゃんと中身の機能で評価しましょう。

　また、箱ひげ図も有名なグラフでしょう。最大値・最小値・中央値・四分位数・平均値の各統計量をコンパクトに1つのグラフで表現できるので、統計や分析に長けている人同士で示し合う分には非常に有効です。しかし、100人中100人が読み解き方

を知っているグラフではないので、「いち早く情報を認識する」という点では人を選んでしまうので、常に適切とは限りません。棒グラフにちょっと情報を付け加えてあげるだけで、同じ情報量を示せます。

図 3.17　箱ひげ図と棒グラフ

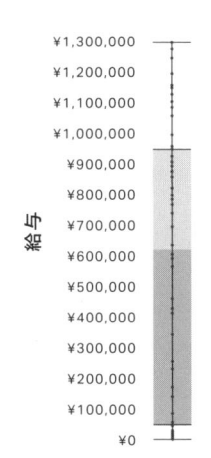

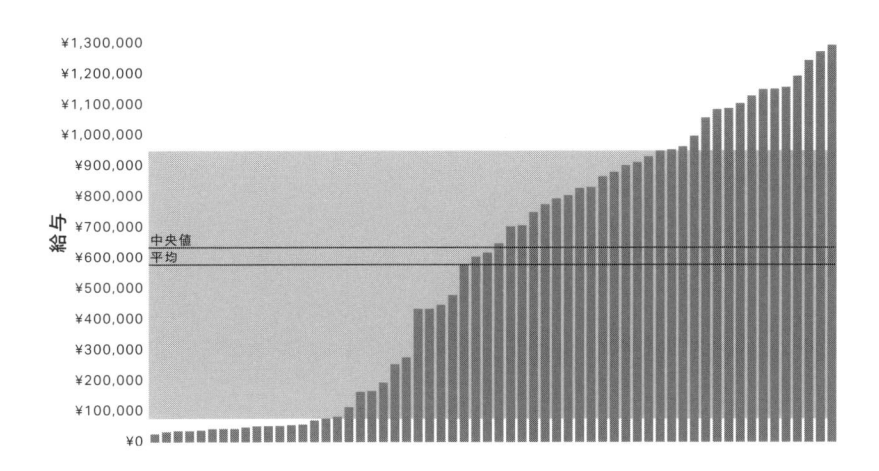

3.2

基礎分析とKPIツリー

　前節では、指標と切り口を使ってグラフを作っていくことと、代表的なグラフのパターンを見てきました。では、指標と切り口はどのようにして洗い出し、それぞれのグラフはどのような用途に使われるのでしょうか。

　一口に分析と言ってもいくつかのユースケースがありますが、いずれの場合にも最初に必要となるのが基礎分析です。なぜなら分析の本質は比較であり、どのようなユースケースであっても、比較のベースとなる元ネタを作る必要があるからです。本節では、基礎分析の意義と、基礎分析を行うにあたって必須となるKPI（Key Performance Indicator：重要業績評価指標）ツリーを紹介していきます。

KPIツリーの基本

　分析を始めるにあたって、まずは手元のデータ項目を見ながら、「これが指標でこれが切り口」と洗い出していきます。それ以外にも、指標や切り口を見つける手段の1つとして有益なのがKPIツリーです。KPIツリーの使われ方としては、KGI（Key Goal Indicator：重要目標達成指標）である売上をKPIに要素分解していくことで、自社はどういう儲け方をしているのかの売上構造把握や、売上減少の原因としてどこに課題があるのかを見つけるなどが代表的です。

　KPIツリーには「掛け算」の分解と「足し算」の分解があります。「掛け算」の分解としては、例えば、売上は「のべ顧客数×1人当たり売上」に分解することができます。KPI分解後の要素の掛け算の値が、上位の項目の値と一致するように分解していくのがポイントです。

　「足し算」の分解としては、例えば、売上は各地域での売上に分解することができます。KPI分解後の要素の足し算の値が、上位の項目の値と一致するように分解してい

くのがポイントです。地域に分解するのであれば、全地域を漏れなく洗い出す必要があります。

図3.18　KPIツリーの分解

足し算の分解

例：地域による売上の分解
ポイント：KPI分解後の項目をすべて足すと
　　　　　上位項目の値と一致すること。

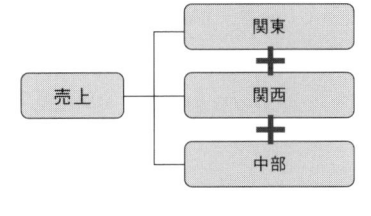

掛け算の分解

例：のべ顧客1人当たりの売上
ポイント：掛け算すると上位項目の値と
　　　　　一致すること。

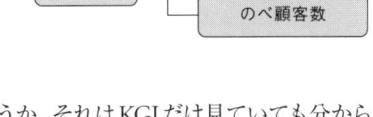

　では、なぜKPIツリーに分解するのでしょうか。それはKGIだけ見ていても分からない、新たな情報を得ることができるからです。

　掛け算の分解の例では、店舗別の特性を把握できます。仮に売上額が同じ2つの店舗があったとして、掛け算のKPIツリーに分解することで、その特性の違いが見つかることがあります。「店舗Aは顧客単価の高い少数の顧客で儲けており、店舗Bは顧客単価は低いけれど大勢の顧客の来客で儲けている」といった特性の違いを明らかにできます。そして売上向上策を考える際に、「店舗Aと店舗Bでは儲け方が異なるのだから別々の方法を考えたほうがいいだろう」という具体的な検討にもつながります。

　また、前年と比べて売上が下がった場合に、KPIツリーに分解したうえで、どこが下がったかを見れば要因特定が進みます。顧客数が減ったからなのか、それとも顧客単価が減ったからなのかが分かりますし、それによってとるべき施策も当然変わるでしょう。課題の原因に沿った施策を検討でき、より確度の高い施策につながるでしょう。

図3.19 KPIツリーの分解による店舗特性の把握や課題要因の特定

例：店舗別の特性把握

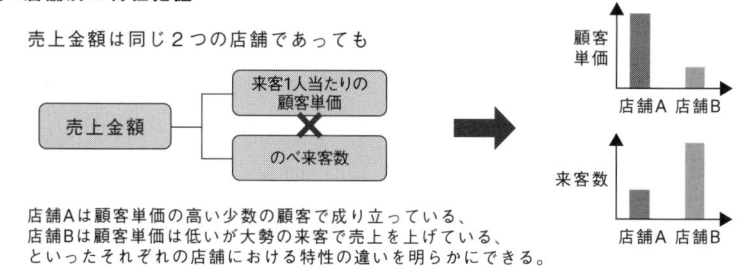

店舗Aは顧客単価の高い少数の顧客で成り立っている、
店舗Bは顧客単価は低いが大勢の来客で売上を上げている、
といったそれぞれの店舗における特性の違いを明らかにできる。

　足し算の分解の場合も、例えば売上を地域別に見ることで、自社はどの地域が強い
か、どの地域が弱くてテコ入れすべきかが明らかになります。なお、この足し算の分
解は、データ分析の専門用語で言うところの「ドリルダウン」という操作に該当します。
グラフの見え方としては、3.1節で述べたパターン1のグラフからパターン2のグラフ
を作成することに該当します。

　このようにKPIツリーへの分解を進め、それぞれ数字を見ることで、課題を見つけ
たり、具体的な施策につながる手がかりを見つけ出したりできます。

　なお、現状分析のフレームワークとしては、KPIツリーのほか、定性分析に分類され
るSWOT（Strength：強み／Weakness：弱み／Opportunity：機会／Threat：脅威）
分析や3C（Customer：顧客／Competitor：競合／Company：自社）分析なども有
名です。これらの定性分析を実際に実務で実施したことはなくても、ビジネス系の研
修などで経験した方は多いと思います。しかし、その際に、全く同じお題（実務なら自
社や自事業、研修なら演習テーマ）を扱っているのに、人によってアウトプット内容に
かなりの差があったのではないでしょうか。結局このような定性的な分析手法では、
実施者の能力や経験、バックボーンに依存してしまう部分が多々あります。また、主
観の入り込む余地も多く、別の形での客観性の裏付けが必要になります。

　それに比べ、KPIツリーでは機械的・算数的に分析を進めることができる（すなわ
ち誰がやっても同じアウトプットになる）という点と、定量的なのでブレのない客観的
な事実を導き出せるという点において、パワフルな手法だと言えます。

基礎分析のステップ

では次に、多くの分析ユースケースでベースとなる、基礎分析のステップを説明していきます。

・STEP1： 指標と切り口の洗い出し

まずは手元にあるデータ項目の中から、指標と切り口を洗い出します。指標はビジネス上の目標（KGIやKPI）になるものが該当します。また、人数や売上額などのように、数値で表せるものが該当します。一方切り口は、指標に差が出る可能性のある項目が該当します。年代や居住地、商品カテゴリや会員カードランクなどが該当します。

・STEP2： 指標と切り口のマトリクス作成

指標と切り口を洗い出せたら、縦に指標、横に切り口としたマトリクス表を作成します。

表3.3 指標と切り口のマトリクスの例

指標 ＼ 切り口	性別	年代	居住地	年月	曜日	商品カテゴリ	商品名
サイト会員数（累計）	○	○	○	○	×	×	×
新規登録会員数	○	○	○	○	○	×	×
サイトアクセス数	○	○	○	○	○	×	×
購入人数	○	○	○	○	○	○	○
購入商品数	○	○	○	○	○	○	○
購入金額	○	○	○	○	○	○	○

あるECサイトのマトリクスの例を挙げます。「縦軸：サイト会員数」×「横軸：年代」というグラフを作れば、どの年代にウケているか、逆にどの年代への訴求が足りていないかなどを考察でき、意味のあるグラフになりそうだと判ります。また、「縦軸：新規登録会員数」×「横軸：年月」というグラフを見れば、順調にユーザ獲得が伸びているのか鈍化しているのか分かるので、これも意味のあるグラフとなるでしょう。

一方、「縦軸：サイト会員数」×「横軸：商品名」ではどうでしょうか。ECサイトへの会員登録と、どの商品を買ったかは別の事象ですので、何の意味を持つグラフになるのか、ビジネス的には意味不明です。これが「縦軸：購入人数」×「横軸：商品名」

というように別の指標なら意味が成立します。このようにグラフを作った際にビジネス的に意味が成立するものとしないものがありますので、意味が成立する組み合わせには〇、成立しない組み合わせには×を付けていきます。

・STEP3： マトリクスに従いグラフ作成

どの指標とどの切り口を使ってグラフを作ればよいかを体系的・網羅的に整理できましたので、あとは1つ1つグラフを作成していきます。3.1節で述べたパターン1の基本形でグラフを最初に作ります。

このステップをやっていると、「なぜこんな結果になっているんだろう？」と気になって、パターン2のグラフを作って深掘りしたい衝動に駆られるかもしれませんが、時間の無駄になる可能性があるので、ここではぐっとこらえましょう。詳しくは後述しますが、基礎分析が終わって全体を見渡せるようになるまでは、ビジネスインパクトの大きいところなのか、優先的に深掘りすべき箇所なのかがまだ分からないからです。

・STEP4： 特徴的なグラフをピックアップ

頑張ってやってきたのにもかかわらず、基礎分析で作られるグラフの大半は面白味のないものばかりになりがちです。それもそのはずで、前述のとおり世の中の物事はランダムに起こっているので、差が出ないことが普通なので、切り口別で見ても指標に差が出ていないグラフが大量にできるのは当然と言えます。しかし、ときどき差が出ているグラフが見つかりますので、そこを今後分析し深掘りすべきだという目印になります。

分析に試行錯誤は必須です。しかし、最初にこの体系的・網羅的に見渡せるベースがなく、感覚や直感で試行錯誤していると、あと何箇所深掘りして試行錯誤すればよいかの全体ボリュームが分からなくなったり、2週間前に深掘りしたところをまた触っていたりと、非常に非効率になります。最初にこの全体感を掴んでいれば、試行錯誤するにしても、あと何箇所試行錯誤すればよいのか見通せるので、落ち着いて分析作業ができるでしょう。

また、深掘りに進む前に一旦この段階でクライアントと基礎分析結果のグラフを見ながら一度ディスカッションするのもよいでしょう。同じグラフを見ていても、バックグラウンドにある業務知識や課題意識が異なれば、当たり前に見えることが、人によっては意外な発見だったり重要な課題だと感じたりすることが往々にしてあるからです。

実例としては、民間企業向け分析において、年代別のユーザ数では30〜50代が多く、若者や高齢者が少ないというグラフをよく目にします。ある自治体のサービスでも同じ傾向が見られ、いつもと同じ傾向なので筆者は特段気にしていませんでした。しかし、自治体はサービスの公平性を非常に重視しますので、年代によってユーザ数に差が出ているのは、自治体の担当者にとって大きな課題だったのです。「同じようなグラフでも、ビジネス文脈次第で大きく意味が違ってくるのだな」と、改めて感じた瞬間でした。

・STEP5： 追加の指標や切り口を定義

　どのようなユースケースかによって変わってきますが、この後の深掘りの仕方に応じて、指標や切り口を追加で定義し、それらも使ってグラフ化していくことがあります。

　例えば、ユーザ数と年月のグラフから、会員離脱が目立ってきているという課題を発見したとします。当然、次はどういう顧客が離脱しているのかを知りたくなるでしょう。しかし、基礎分析のグラフからは、年代別でも居住地別でも、既存のデータ項目では差が出ず、原因追及に行き詰ることがあります。こうなると、新たな切り口を作って差が出る項目を見つけなければなりません。

　その切り口候補として、例えば利用回数から「新規顧客（利用回数1〜2回）、定着顧客（3〜9回）、優良顧客（10回以上）」と区切ってその差を見ます。そうすれば、新規ユーザが定着せず離脱しているのか、昔からの優良顧客が離れていっているのかなど、離脱の原因に迫るための手掛かりが得られるでしょう。この辺りの、追加の指標や切り口を定義するテクニックについては、この後3.3節から3.4節で詳細に述べていきます。

KPIツリーと基礎分析の関係性

　さて、先に紹介したKPIツリーと基礎分析には、どのような関係性があるでしょうか。それは、基礎分析に使う指標と切り口の洗い出しに、KPIツリーが使えるという関係です。分析者の腕の見せ所は、「いかにいい指標と切り口を見つけられるか」ですが、そこにつながるテクニックの1つです。

　まず、掛け算による分解をすることで、指標の候補を見つけ出せます。

図3.20 掛け算の分解による指標の抽出

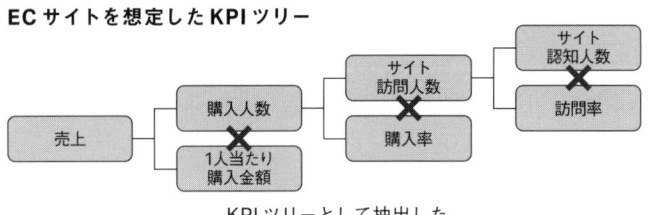

ECサイトを想定したKPIツリー
売上
購入人数
1人当たり
購入金額
サイト
訪問人数
購入率
サイト
認知人数
訪問率
KPIツリーとして抽出した
上記いずれの項目も「指標」となりえる

図から分かるとおり、掛け算の分解をしていくと、「1人当たり○○○」とか「××率」といった項目が出てきます。これが分析の指標にできるわけで、指標を考える際の重要なテクニックです。

また、足し算による分解を行うことで、切り口の候補も見つけ出せます。

図3.21 足し算の分解による切り口の抽出

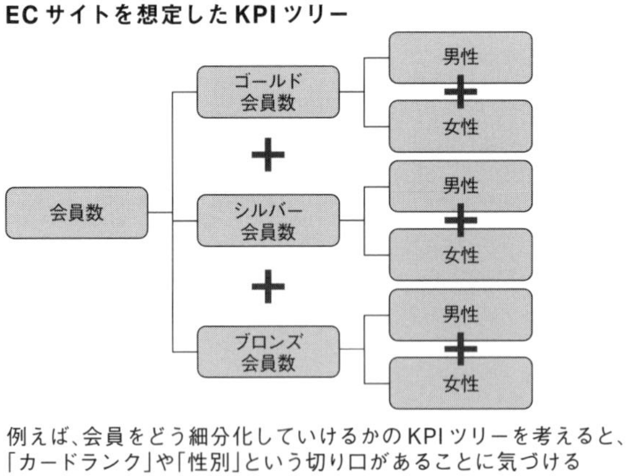

ECサイトを想定したKPIツリー
会員数
ゴールド
会員数
シルバー
会員数
ブロンズ
会員数
男性
女性
男性
女性
男性
女性
例えば、会員をどう細分化していけるかのKPIツリーを考えると、
「カードランク」や「性別」という切り口があることに気づける

手元のデータ項目は一旦忘れて、フラットに足し算の分解を考えることで、主要な切り口候補にいくつか気付けるでしょう。KPIツリーの分解ですぐに思いつける程度の項目は、誰もが切り口にしてみたい分析の観点です。したがって、手元のデータにその項目がなければ、追加データがないかクライアントに確認したり、電話番号の先頭2～3桁から地域だけを推測してみたり、将来を見据えて新たにデータ取得を始めたりする必要があるでしょう。

さて手元のデータ項目を眺めたり、KPIツリーなども使いながら基礎分析をしていくわけですが、基礎分析には具体的にどのようなメリットがあるのでしょうか。基礎分析を行う意義を紹介していきます。

基礎分析の意義1: 費用対効果の高い適用領域の発見

データ活用案件として顧客からよく要望されがちなのが、「課題：DMの費用対効果が低い」→「解決策：購買確率の高い顧客を特定してDMを送付する」といった事例です。一見この課題と解決策は、データ活用案件としてうってつけのように思えますが、すぐにデータ分析に着手してよいものでしょうか。筆者は少し危ういと感じます。なぜなら、個別最適となってしまうおそれがあるからです。

まずは複数実施している広告施策のどれが一番顧客獲得に貢献しているのか、すなわち広告施策別の新規顧客獲得数を、（KPIツリーを思い出して）足し算で分解し把握してみましょう。この分解により、Web広告が100人、DM送付が2人だったとします。

このとき、仮に「DM送付によって新規顧客を4倍に増やせる」という劇的な発見（実案件でこれほどの成果が出ることはめったにないような非現実的な数字）をしたとしても、Web広告で1.1倍（これは実現しうる可能性の高い数字）増やせたほうが、ビジネスインパクトは大きいと言えるでしょう。もともと新規顧客獲得数が少ない施策を、いくら深く分析したりAI適用したりしたところで、効果はたかが知れています。それよりも新規顧客獲得数が多い施策に対して、分析やAI適用するほうがより効果的なのは明らかです。

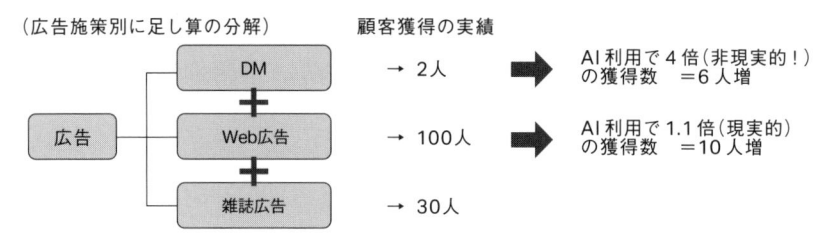

図3.22 KPIツリーによるビジネスインパクトの大きい領域の特定

例）お客様からの課題ヒアリング結果：

「DM発送による新規顧客獲得の効果をもっと上げたい」

（広告施策別に足し算の分解）　　顧客獲得の実績

広告 ── DM → 2人 ⇒ AI利用で4倍（非現実的！）の獲得数 ＝6人増

Web広告 → 100人 ⇒ AI利用で1.1倍（現実的）の獲得数 ＝10人増

雑誌広告 → 30人

DMにいくら注力しても効果は低い。
Web広告に注力したほうがビジネスインパクトは大きい。

　このようにKPIツリーを使って整理することで、ビジネスインパクトの大きい領域はどこかを俯瞰的に見て特定でき、実は要望があったテーマよりも別のテーマに注力したほうが効果は大きくなりそうだと気付けます。

　また、抽象度の高い要求に対しても、方針を検討するきっかけとなります。例えば、「物流業務の最適化を行いたい」といった要求に対し、物流業務全体にかかるコストを、足し算の分解により「配送・荷卸し・ピッキング」などの業務ごとのコストに分ける。そのうえで一番コストがかかっている業務を洗い出し、そこをターゲットにしたほうがよいでしょう。決して、「データ活用と言えば配送ルートの最適化」などと、すぐに思い付きそうな個別施策の検討にいきなり入ってはいけません。個別最適に陥るからです。

　「データ活用あるある」の1つがこれらのような例です。PoC実施後に「十分な費用対効果が見込めないから」と言って、本稼働まで進めない原因にもなります。すなわち、いきなり個別最適の領域に入り込んでおり、ビジネスインパクトが大きい領域をターゲットにしていないからです。

　「そもそも、ビジネスインパクトの大きい領域を選んでいるか？」という「そもそも思考」を持つことが重要であり、そのときKPIツリーは、データを根拠にして客観的に裏付けしてくれる強力な手法となるでしょう。

　DS協会のスキルチェックリストにある「作業ありきではなく、本質的な問題（イシュー）ありきで行動できる」、「最終的な結論に関わる部分や、ストーリーラインの骨格に大きな影響を持つ部分から着手するなど、取り組むべき分析上のタスクの優先度を判断できる」というスキルは、まさにこの考え方を指していると思われます。このス

キルの具体的な実践方法の1つとして、KPIツリーの利用による基礎分析が有効であると言えるでしょう。

基礎分析の意義2： 課題の真因特定と解決策の立案

課題の真因特定でも、KPIツリーは効果を発揮します。例えば「コスト削減のために、インバウンドコールセンターにおいて人員最適化（機械学習を使った適正人数把握のためのコール数予測）をしたい」という場合を考えてみましょう。

コールセンターでは、呼損（回線がすべて占有され受電できないこと）の発生防止が重要です。数値化すると、要は「顧客の総通話時間」＜「全オペレータの応対可能時間」の式を満たすべき、となります。掛け算の分解を行うと、「コール数（件）×1コール当たりの通話時間（分／件）」＜「オペレータ人数（人）×1人当たりの応対可能時間（分／人）」であり、適正人数とはこのオペレータ人数をできる限り小さくすることであると理解できます。

「コール数という自社ではコントロールできない要素を予測して、オペレータの人数を調整したい」というのが当初のリクエストなのでしょうが、KPIツリーの分解によって、実は「1コール当たりの通話時間」という要素があることに気づけます。自動応答の導入や応対マニュアル整備などの施策を実施して、この1コール当たりの通話時間を減らすことでもオペレータ人数を減らせることに気づくでしょう。コール数の予測を外して余剰人員を確保していることよりも、1コール当たりの通話時間が無駄に長いことのほうがコストインパクトが大きく、実はそれが真の課題なのかもしれません（どちらの施策に注力するとコスト削減効果が大きいかは、実際の値を使って分析シミュレーションしてみて判断すればよいと思います）。

AI（機械学習）はあくまで課題解決手段の候補の1つに過ぎません。この例のように原点に立ち返り、KPIツリーに分解することで、解決すべき真の要因に気付くことができ、もっと効果的な別の課題解決手段が見つかるかもしれません。それがKPIツリーを使った要因分解のメリットの1つと言えるでしょう。

PoC実施後本稼働まで行かない「あるある」の原因のもう1つが、このような例だと思います。原因の真因でないところに対して解決策を適用しようとするから、費用対効果が出ないのです。「AI（機械学習）予測を使ったコールセンターの人員最適化」という相談を受けたとしても、それをすぐに機械学習の回帰問題に落とし込んだり、「不

良品が発生しやすい条件を見つける」といって大量の説明変数と複雑な機械学習モデルを作成したりする前に、成すべきことがあります。「そもそも顧客が達成したいことは何なのか」という、要求の裏に隠された真のニーズを読み解く「そもそも思考」が重要です。KPI ツリーを使った基礎分析は、それを読み解く手がかりを提供してくれると言えるでしょう。

基礎分析の意義3：クライアントとの目線合わせと本稼働に向けた根拠の作成

　基礎分析で作成されるグラフの多くからは、前述のとおり当たり前の結果しか出ません。しかし、その"当たり前"が人によって異なるので、共通認識を醸成せずに話を進めるのは非常に危険です。その際、基礎分析の結果が手元にあれば、それをプロジェクト関係者全員の"当たり前"とし、共通認識に立って話を進めることができます。関係者全員が同じ目線で議論できるかどうかは重要です。

　また、PoCから本稼働に移る際にも、この基礎分析の結果は役立ちます。なぜなら、なぜその領域に注目して、なぜその解決策を選んだのかを、データに裏付けられた説得力を持って示せるからです。また、なかなか試算が難しいビジネス効果についても、数字が手元にあるので、「業務の○％を効率化できれば、○○○円のコスト削減になる」というように、想定効果を金額ベースで提示できます。「本稼働で年間1000万円の費用がかかるが、年間2000万円のコスト削減につながる可能性が見込める」と明言できれば、本稼働プロジェクト承認の強力な根拠となるでしょう。

別記3.2 効果試算のシミュレーション

（基礎分析による現状把握数値）
・2024年アクティブ顧客数　　　10万人
・クロスセル商品の平均価格　　　500円
・顧客1人当たりの年購入回数　　　4回

（シミュレーション）
・**レコメンドエンジンを改善**して、レコメンドによるクロスセル顧客割合を **15%→20%** にアップ
　　　10万人 × 5%　　　=　　5,000人増
・5,000人がクロスセルで500円の商品を追加購入
　　　5,000人 × 500円　=　250万円
・それを顧客1人当たり年4回行う
　　　250万円 × 4回　　=　1,000万

⇒ **年間1,000万円** の売上アップが見込める
　（改善したレコメンドエンジンの運用費が年間800万円なので導入してペイすると言える）

　なお、想定効果試算の際に覚えておくとよいKPIツリーの特徴があります。施策を打つことによって各項目の数字がどの程度上昇し、結果的に売上がどのくらい伸びるのかシミュレーションを行うことも、分析作業の大事な1つです。そのとき、掛け算で作ったKPIツリーは有益です。各数字の変化がそのまま上位の項目の変化として現れるだけでなく、複数項目の数字が変化した場合にはその掛け算で効いてくるという分かりやすい特徴があります。シミュレーションを実施する際のヒントとして覚えておくとよいでしょう。

図3.23 掛け算で分解したKPIツリーを使ったシミュレーション

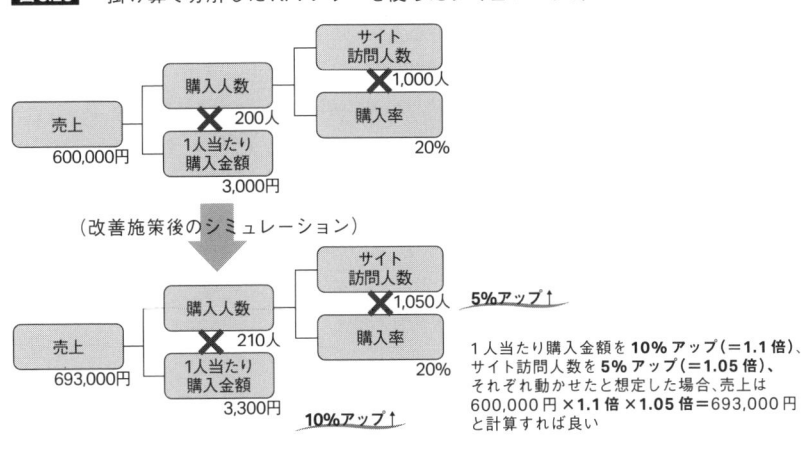

ブレストに効くデータ分析

近年、筆者はデータサイエンスを中心に学習と実務をこなしてきましたが、あるきっかけから、デザイン思考を深く学ぶ講座を受講しました。世の中に対する価値創造活動をいかに行っていくべきか、デザイン思考の考え方をベースにして実践体験できる講座でした。そのなかでひとつ面白かったのが、ブレスト（ブレインストーミング）のやり方に関するお話でした。

「新しいアイデアを出せ」というとき、よくやるのがブレストで、ビジネスマンなら誰でも一度や二度はやったことがあるでしょう。ですので、ブレストのやり方は皆よく知っています。例えば、最初にアイスブレークをやる、質より量、他者の意見を批判しない、他者のアイデアにどんどん被せるなどです。そして「それらの"やり方"は守ったはずなのに、あまりいい議論にならなかった」という経験も同じくらいあるのではないでしょうか。

筆者の参加講座で紹介されたのは、「世界的にどの企業もこの同じ状況に陥っており、実はそれらの"やり方"だけでなく、守るべきもっと大事な原則がある」とのことでした。それは何かというと、ブレスト時のお題設定が「適切な粒度の"問い"であること」でした。抽象的でもダメ、逆に具体的すぎてもダメで、適切な粒度のテーマを設定することが、ブレストを効果的にするためのコツであり、「お題の立て方にもっとこだわろう!」という話でした。

図3.24 ブレスト時の適度な粒度の問い

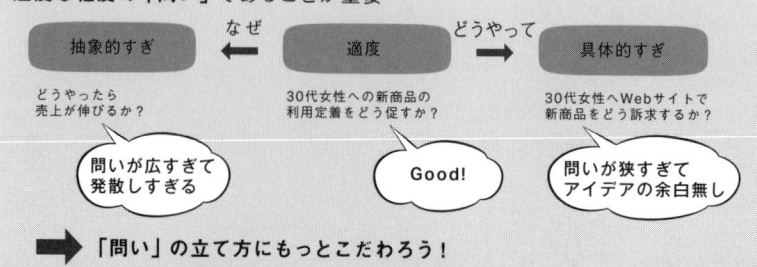

適度な粒度の「問い」であることが重要

抽象的すぎ	なぜ → ←	適度	どうやって →	具体的すぎ

どうやったら売上が伸びるか？ ／ 30代女性への新商品の利用定着をどう促すか？ ／ 30代女性へWebサイトで新商品をどう訴求するか？

問いが広すぎて発散しすぎる ／ Good! ／ 問いが狭すぎてアイデアの余白無し

➡ 「問い」の立て方にもっとこだわろう！

ということで、理屈は分かったのですが、では、どうすれば適切な粒度になるのでしょうか。そのときに筆者がピンと来たのは、基礎分析でした。

基礎分析によって、「どうしたら売上が伸びるか」という抽象的すぎる問いではなく、データ分析によって導かれた客観的な事実をベースにして、より具体的なお題を設定できるようになります。「なるほど、基礎分析はこういう場面にも使えるんだな」と感じた一件でした。

図3.25 基礎分析による適切な粒度の問いの設定

適度な粒度の「問い」となるように絞り込んでいく

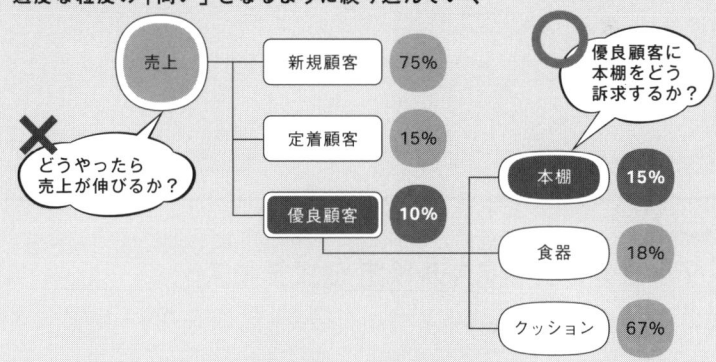

なお、本書では対象外なので割愛しますが、「ビジネスのアイデアをどうやってマネタイズできるところまで持っていくか」という問題は、データサイエンスと並んで、筆者の長年にわたるもう1つのテーマでした。この講座では、「この問題の納得できる方法論の1つを示してもらえた」という感想を抱きました。

その講座について、お世話になったお礼も兼ねて紹介しておきます。また、その講座のエッセンスがオンデマンド動画の形で公開されていますので、併せて紹介します。

・Technology Creatives Program（通称：テックリ）：
https://www.tecre.titech.ac.jp/
・新価値創造アカデミー（NVCA）：
https://tub.tamabi.ac.jp/tdu/nvca/

書籍紹介コラム

『データ分析実務スキル検定 公式テキスト』

（株式会社データミックス著、インプレス刊）

　本節ではKPIツリーについて述べてきましたが、この本は「データ分析の実務」という観点から、もう少し詳細にKPIツリーに関して述べています。

　また、対象資格は「データ分析実務」という点にこだわっており、分析プロセス・統計知識・機械学習知識・プログラミング知識のそれぞれについて、実際のビジネス実務で必要となる部分に絞ってまとめています。

　例えば、データ分析には統計学の知識が必要ですが、一般的な統計学の本はアカデミックな視点で書かれているので、ビジネス用途では使わない知識も混じっています。その点この本は、ちょうどいい塩梅の範囲に抑えています。

　各知識領域に関し、ビジネスにおいて最低限押さえておくべき点をコンパクトにまとめていますので、資格取得を目指していなくても、導入知識の整理のために読んでおくべき一冊です。どこから勉強すべきか、どの程度最低限勉強しておくべきかを若手メンバーから問われたときに、「このくらいは知っておいてほしい」とこの本を紹介するだけで済むので、筆者も助かっています。

いい指標の見つけ方

　さて、分析には指標と切り口を使うこと、およびそれらを洗い出すための方法の1つであるKPIツリーを、前節までに紹介してきました。そして、この指標と切り口をいかにうまく見つけられるかが、分析者の腕の見せ所だという話もしました。いい指標と切り口をいかに見つけるかを、本節と次節ではもっと詳細に述べていきます。

二値の比を使った指標を作る

　何かを何かで割った比を使って、指標を作ることができます。適切な比較を行うために「人口1人当たり○○○」とか「面積当たり×××」といった表現をすることがあります（詳細は4.1節で解説）。これらはデータ分析上の必須のお作法ですが、それ以外にも比を用いるパターンはあります。

　例えば、平日と休日の来店人数を使って、平休日比（＝休日の来店人数／平日の来店人数）と定義しましょう。休日の来店人数が1000人、平日の来店人数が900人だったら、平休日比は約1.11です。この指標を使い、各店舗の平休日比を算出してみたら、次の図3.26のようになったとします。

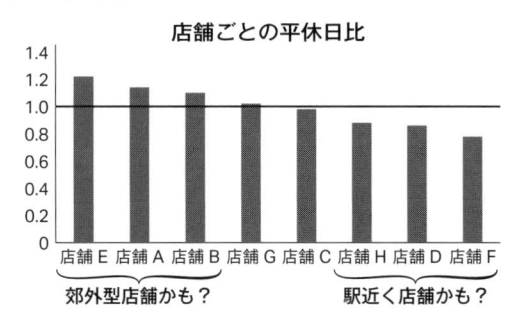

図3.26 各店舗の平休日比

店舗によって差がありそうです。どうやら、平日のほうが人の多い店舗と、休日のほうが人の多い店舗がありそうです。そしてこれは筆者が実際過去に分析した例ですが、平休日比が低い（＝平日のほうが人の多い）店舗は駅の近く、すなわち平日の通勤帰りの客を狙った店舗であり、平休日比が高い（＝休日のほうが人の多い）店舗は郊外型店舗、すなわち休日にマイカーでファミリー客が行くような店舗という2種に、きれいに分かれたことがあります。このように平休日比を見るだけで、それぞれの顧客層や来店目的が違っているようだと推測できますし、そうだとしたら、店舗設計や品揃えも変えるべきでしょう。

同じような感じで、晴れの日と雨の日の来場人数から、雨天比（＝雨の日の来場人数／晴れの日の来場人数）と定義しましょう。雨が降っても晴れの日と同様の来場人数になるほど（もしくは、むしろ雨の日のほうが増えるほど）、雨天比はより高くなります。

例えば、各観光スポットの来場人数から、雨天比を見たとします。観光客は、サービス提供側の論理を全く意に介さず、「雨が降ったら不便と思う観光地には、面倒だから行かない」と、率直に行動します。そこから、観光客の"忌憚のない声"として（実際に観光客にアンケートを行ったわけではないのに）、「雨でも構わず出かける観光地はどこか」がおのずと浮かび上がるでしょう。

そうすると、雨天比が高い観光地については、「梅雨どきでも満足できる観光地マップ」で紹介したり、「雨の多い時期でも大丈夫」というプロモーションを打ったり、あるいは雨天比の低い観光地については、「実はイメージと違って雨天でも対策がしてあるから十分楽しめる」とプロモーションしたり、施策を考えるきっかけとなるでしょう。

ほかにも、昼夜比、新規常連比、定価時割引時比などなど、指標のパターンはいくつでも考えられそうです。このように二値のものを使って〇〇比を作ることで、見え

てくる事実があるのです。

業界特有の指標を使う

世の中には、各業界特有の指標があります。例えば企業の経営状態を測る際には、総資本経常利益率ROA（＝経常利益／総資本×100）が指標として使われます。総資産をどのくらい有効活用し、利益を上げているかという収益性の高さを測るのに使われます。マーケティング活動の広告施策を評価する際には、CPA（＝広告費／コンバージョン数）がよく使われます。会員登録などの利益につながる成果を1件獲得するためにかかった広告費用が指標になります。

企業の経営状態を測る際も広告施策を評価する際も、上記に挙げた以外にアルファベット3〜4文字の○○指標というのが大量に存在し、それらを駆使して事業評価が日々なされているわけです。なんとかして定量的に評価を行いたい、分析をしたいという長年の先人の研究や知見によって定着していった（時代の変化に耐え、高い有効性が認められた）指標ですから、これを使わない手はありません。

また、ROAやCPAはある程度汎用性があって、一般的に有名ですので、いろんな本やWebサイトで紹介されていますが、このような有名どころ以外にも特定の業界でしか使われない指標もあります。例えば、交通業界には「キロ単価」という指標があります。移動距離が長ければ長いほど燃料費コストがかかり、運転時間の長さに応じた賃金コストがかかりますし、車両設備が摩耗して減価償却にも跳ね返ります。それらを「キロ」というシンプルな値に集約し、「1km当たりどのくらい稼げるか」の指標としています。

DS協会のビジネス力のスキルチェックリストの1つに、「担当する分析プロジェクトにおいて、当該事業の収益モデルと主要な変数を理解している」という項目があります。交通業界を分析してきた先人たちが、交通業界で発生する様々な特有のコスト事情を「キロ」という概念に押し込めて、収益性を測る指標として「キロ単価」という変数を使っている。このような変数を知らずして、交通業界の適切な分析はできないでしょう。上記のチェックリスト項目には、そういう想いがこめられていると思います。

このように、一般的には知られていなくても、その業界では当たり前に使われている指標があります。「事業成績を評価する際に普段どういう値やKPIを使っているか」をクライアントに尋ねると、その業界での分析に欠かせない指標が飛び出してくる可能性がありますので、しっかりとヒアリングしましょう。

代替指標を作る

分析に用いる指標の元ネタは、収集されたデータです。いくら分析したくても、必要なデータが収集されていなければ、できません。もしくは、収集しようとして収集できるような類のデータでなければ（例えば、社員同士の親密度など定量化しづらいものだと）、分析の指標には使えないわけです。では、そのような場合には、分析を諦めるしかないのでしょうか。いえ、それを補う手段として「代替指標を作る」という手があります。

例えば、青果店に行って少しでもおいしいリンゴを選んで買いたいとします。実際にかじって味見できない代わりに、リンゴの色を見て選びます。直接おいしさは測れませんが、その代わりとして、おいしさと関係性があると"思われるもの"を測定し、評価することは日常生活でも行っています。

このように、本当は知りたいけれど測るのが困難な指標と関係が強いと思われ、かつ、測定可能な指標を定義し、それを代替指標として見ていくわけです。

マーケティング分野であれば、顧客ロイヤルティ（商品やサービスに対する信頼感・愛着）を知るために、顧客の頭の中は直接見えませんが、NPS（Net Promoter Score）という代替指標が使われます。

ドライバーが交通事故を起こしそうかどうかは、定量的には定義できません。しかし長年の研究から、急ブレーキや急ハンドルが多い人や、運転時に視線を向ける範囲が狭い人ほど事故が多いという相関が見つかっています。ですので、それらの代替指標を測って安全指導につなげるという、ドライブレコーダーのサービスなどが存在します。

これはうろ覚えですが、衛星写真で森林エリアの色を見ると、若い木々が多いのか、手入れの必要な古い木々が多いのかが簡易的に分かるので、いちいち現地調査に赴く必要がなく人件費の削減につながっているといった科学雑誌の記事を読んだ覚えもあります。

このように代替指標を使って、うまくビジネスに適用している例は多々あります。例えばWebサイトを改善した際に、どのくらいWebサイトが「良くなったか」を測りたくても、定量的にはうまく定義できません。その代わりに「大勢の人が訪れてくれるようになった」、「サイトの閲覧時間が長くなった」というような、測定可能なものを代替指標として定義すれば、定量的な分析や評価が可能になるわけです。

ただし、代替指標を使う際には1点注意があります。「真に知りたい指標とその代替指標には、本当に正の相関関係があるのか」の確認が必要だという点です。

「どのくらいWebサイトが良くなったか」の代わりに、「サイトの閲覧時間が長くなった」が代替指標として使えそうというのは、本当でしょうか。閲覧時間が長くなったのは、実はサイトの使い勝手が悪くなってしまい、サイト回遊で迷っているだけかもしれません。もしくは、商品情報を詳細に掲載したために、商品比較サイトとして使われるようになっただけであり、実は売上につながっていないなどというケースも考えられます。

ですので、手間はかかりますが、最初の1回は、Web閲覧データと販売データの両方を入手して、「サイトの閲覧時間が長い人ほど、購入金額や購買確率が高いか」という上位のKPIと正の相関があるかを確認する必要があるでしょう。それを確認できれば、以後は簡易的に、すぐに測定できる「サイトの閲覧時間の長さ」を代替指標とし、評価していけばよいわけです（因みに、リンゴの赤さとおいしさの相関は、同じ品種同士であれば成り立つのですが、品種によっては赤味が微妙でも糖度は非常に高いものがあるそうで、異なる品種間の比較にはNGだと言います。その辺りの相関を事前に徹底リサーチしてから、以後は参考として色を見ていくべきだとか…。ビジネスでも同じですね）。

その指標は本当に適切か？

さてここまでは、少し応用的な指標の洗い出し方を見てきました。ここで少し話を変えて、「その指標を使うことは本当に適切なのか」という点を述べていきます。本章で一貫して述べているように、指標を見て事業評価していくのは分析の基本であり、非常にパワフルなやり方です。しかし、指標を決めたとき裏にあったはずの経営戦略や背景・思想を忘れ、目前の指標だけに固執して見ていると、問題を引き起こす場合があります。

小売企業の指標には「顧客1人当たりの年間購入金額」などがよく使われ、これをKPIにしたりしますが、この指標が上がり続けることが本当にいいことでしょうか。確かに、データ分析に成功している企業の多くは、この指標に注目して施策を打っているようです。しかし、他社の成功事例を鵜呑みにして、背景や思想なしに単に同じ指標だけを見ていると、これが危かったりします。

例えばこの指標の落とし穴としては、新規顧客の動向が分かりません。LTV（Life

Time Value) と言われるように、今はまだ購入金額が少なくても、将来的に優良顧客に育ってくれることを期待して、新規顧客 (特にLTVの高い若者) を獲得していくこともマーケティングでは重要です。当然ながら、短期的な利益だけでなく持続的成長も企業には必須だからです。

ところが、もし「1人当たりの年間購入金額」だけを担当者の業績評価項目にしていると、新規顧客はまだ購入金額が少ないですから、分母に新規顧客が少ないほど、1人当たりの年間購入金額が上がるという数字のトリックが起こります。したがって、新規顧客の獲得をサボればサボるほど、この担当者は評価されるという落語のような話になってしまうわけです。

この笑い話を地でやってしまったのが大手百貨店であり、実はそれが衰退の一因だという話があります。百貨店業界では、上客を非常に重視しますし、高額商品の出張販売を行う外商部という独特のビジネスさえ存在します。ですので、1人当たりの年間購入金額を極端に重視してきたのも自然なことです。しかしそれが若年層新規顧客の獲得をおろそかにさせました。

全世代がまんべんなく顧客だった数十年前は、それでもよかったのです。しかし、時代とともに、定年退職後の大幅収入減や死亡によって、優良顧客が徐々に離脱していきます。じわりじわりと全体の売上額が下がってきていることに「あれ?」と気づいた時には既に遅し。新規顧客の獲得には失敗しており、次世代の優良顧客へと育つべき若い顧客がいません。いまさらテコ入れしても、若者が優良顧客に育つには20年近くかかりますから手遅れ…そんな状況だというのです。

話の出所が学術論文ではないので真偽は不明ですが、「指標の見方には注意が必要」という点のわかりやすい事例なので取り上げました。将来も見据えた正しい経営戦略の下、見るべき指標を定義していれば、違っていたはずです。「1人当たりの年間購入金額」と「新規獲得顧客数」の両方を指標とするか、もしくは、優良・定着顧客と新規顧客に分けたうえで、前者に絞って「1人当たりの年間購入金額」を見るべきだったのかなと思います。

もう1つの例を挙げましょう。BtoBビジネスのほか、不動産や自動車などの高価格商品を扱うBtoCビジネスには、「リード獲得数」という概念があります。スーパーやコンビニとは違ってすぐには購買につながらず、契約に至るまで顧客を育てていく (その気にさせていく) 過程があり、「ナーチャリング」と呼ばれます。まずは、資料請求や

問い合わせを通じて、氏名や連絡先などの個人情報を入手し、個別コンタクトを取れるようになった顧客のことを「リード」と呼びます。どの程度リード顧客を獲得できたかを「リード獲得数」としてKPIの1つにします。

さて、住宅業界の「あるある話」に、このリード獲得数を上げるために、モデルルーム来場特典として高額の商品券をばら撒くという話があります。個人情報を回答してくれた来場者に特典を配りますので、確かにリードの獲得にはなっているのですが、本質的にビジネス貢献につながっているのでしょうか。当然ながら、家を買う気もないのに特典目当てで来る顧客は一定数いるでしょう。

売上に関連するなかで「測定しやすい指標だから」といって、リード獲得数だけを見ていると、こういうことになってしまうのです。顧客に刺さるメッセージやブランドイメージを広告展開したりして、リード獲得数を増やすのが本来のマーケティング部署の役割でしょう。しかし、リード獲得という数字だけしか見ていないと、こういう"ズルい"マーケティングをやって、自らの評価を上げようとする担当者も当然出てくるでしょう。

このようなケースへの対応策は、会社として全体最適となる指標を作ってしまうことです。例えば「契約効率（＝契約数／リード獲得数）」も指標にします。そうすれば、来場特典目当ての、契約につながらない質の悪いリードばかり取っていると、この数字は落ちていきます。したがって、「どんな手でもいいからリード獲得数だけ上げていく」というようなことはなくなり、契約につながることを意識した本来的なマーケティング活動が行なわれるようになるでしょう。指標の定義1つで、担当者の行動を適切に誘導することができます。

このように、KPIとして決めた指標"だけ"を見て数字がよくなっているからヨシヨシと頷いているだけでは、危険な場合があります。どういう成長戦略や販促計画が裏にあって「だからこの指標をウォッチしてるんだ」という背景の理解や、その数字ばかりに固執して、大事なところを見逃していないか、社員が指標を逆手にとって、真のビジネスにつながらない短絡的な行動に走るような余地は残っていないか、そうした点の注意深い考察が必要です。

逆に言うと、適切な指標の設定さえすれば、担当者の行動をプラスへ変えることもできます。たかが指標、されど指標なのです。

いい切り口の見つけ方

さて本節では「いい切り口の見つけ方」を見ていきます。いい切り口を見つけると、分析に新しい視点がもたらされて、思わぬ発見につながることもあります。また、AI適用時にアルゴリズムの選択やパラメータのチューニングをいろいろ変えるよりも、よい切り口（説明変数）を見つけてきたほうが、精度が大きく改善される場合もあるからです。

指標もカテゴリ分けして切り口にする

3.1節では「指標も区間というカテゴリに分けて切り口として使える」と説明しました。「デシル分析」や「RFM分析」という言葉をご存じでしょうか。実際に小売業などで昔から行われているような、指標を切り口化して使う分析テクニックです。詳細は他の本やWebサイトに譲りますが、デシル分析であれば、顧客を年間購入金額順に並べ、それを10等分（デシル：decileはラテン語で10等分の意）したうえで、金額の高い層から「デシル1、デシル2、…デシル10」とカテゴリ分けします。このデシルXを切り口として分析に使うわけです。

確かに、デシル1の超優良顧客と、デシル10の新規顧客やライト顧客では、商品購入のきっかけも購入に至るまでの行動パターンもいろいろ違ってきそうです。であれば、当然とるべき施策も変わるわけです。デシル10であれば、割引施策でとにかく利用してもらい定着化に向かわせる、デシル1であれば、割引きしなくても買ってくれそうなので、それよりも新着商品を都度お勧めするなどです。

一方、RFM分析では、デシル分析をもう少し発展させて、購入金額だけでなく、「最終購入日からの日数（Recency）」、「購入頻度（Frequency）」、「購入金額（Monetary）」の3つの指標をカテゴリ化して使います。ただし、デシル分析のようにそれぞれを10カ

テゴリに分けてしまうと $10 \times 10 \times 10 = 1000$ のセグメントができてしまい、人間には解釈できなくなってしまいます。ですので、RFM分析では「高・中・低」の3カテゴリに分けて、$3 \times 3 \times 3 = 27$ のセグメントについて解釈していくのが普通です（$5 \times 5 \times 5 = 125$ セグメントとする場合もあります）。その27セグメントをどう読み解くかは他の本やWebサイトに譲りますが、こうした切り口であれば、顧客像の違いを表現できそうですね。

このようにカテゴリ分けしてみることで、見えてくるものがあるということです。小売業では非常に有益な分析であり、切り口の作り方に先人の分析者の腕が発揮された好例と言えるでしょう。

図3.27　デシル分析とRFM分析のイメージ

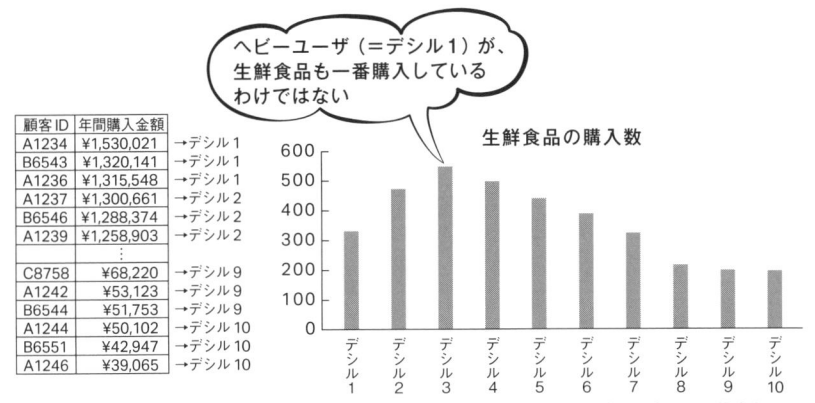

二次説明変数

さて、デシル分析とRFM分析を簡単に紹介しましたが、これらの神髄は、最終購入日からの日数や購入頻度、購入金額を切り口にしたという点ではありません。「元データの項目にはなかった切り口を新たに作成して、それを分析の切り口として使った」という点にあります。

例えばスーパーマーケットにおいて、元データの項目だけを切り口にして分析したらどうでしょう。たいてい顧客の年代は必須で押さえていそうなので、それをベースにグラフ化してみます。すると、「30代の売れ行きが好調」という事実が浮かび上がってくるでしょう。しかしこのグラフでは、「だからどうした？」になってしまいます。年代による違いだけがどうこう分かったところで、そのあとの具体的なアクションにはつなげづらいのです。

しかし、購入頻度が非常に高いけれど、購入金額は1回当たり100円程度という顧客がいたらどうでしょう。「コンビニ的な利用（家が近くて飲み物だけ買っている）なのかな、だとしたら、ちょっとしたお菓子をあと1個買わせる施策はとれないかな」等となります。購入頻度は週1回だけれど、購入金額は結構高いという顧客がいたら、「週末のまとめ買いをしているのかな、じゃあ、こういうタイプの顧客がまとめ買いでよく買っている商品があるので、週末はそれを多めに仕入れるようにしよう」等となります。新たな切り口を使ったことによって、より具体的に、その後の考察や施策への幅が大きく広がるのです。

デシル分析やRFM分析は、それ自体優れた分析パターンではありますが、そのことよりも、「新たな切り口を作った」という点に注目すべきでしょう。このように、元のデータにはなかった項目を新たな切り口として作った変数のことを、後から二次的に作られた変数ということで、本書では「二次説明変数」と呼ぶことにします。

では、二次説明変数はどのように作っていけばよいのか、いくつかの例を紹介していきます。

二次説明変数の作り方1： 個性のある商品

再度スーパーマーケットの例を挙げますが、旧来のPOSデータではなく、ID-POSデータを取得するには、ポイントカードの仕組みが必要となります。手段が紙のカード

かスマホアプリかによらず、必ず最初に会員登録があります。氏名、電話番号、住所、年齢などを登録します。その際に、家族構成にまで踏み込んで登録してもらうケースはほとんど見ません。家族構成まで分かれば様々な施策に展開できそうですが、「個人情報をむやみに知られたくない」という顧客側の心理抵抗もあって、そこまでは聞けないのが実情です。このようなときに、二次説明変数が威力を発揮します。

　商品のなかにはときどき強い個性を持ったものがあります。例えば、ティッシュペーパーは万人が買うので、個性ある商品とは言えません。食玩（おもちゃ付のお菓子）はどうでしょうか。自分用にこれを買う大人は、0とは言いませんが、「家に子供がいるはず」と考えるほうが普通でしょう。40代なのにシルバー向け用品を買っていたら、高齢者と同居している可能性を推測できるでしょう。このように誰もが買う商品ではなく、ある特定の人しか買わないものがときどき存在します。それが個性のある商品です。

　そうした商品に着目すると、家族構成に限らず趣味嗜好まで推測できる場合もあります。胡椒や唐辛子は誰でも購入しそうですが、オレガノとかタイム、マジョラムとかはどうでしょうか。それなりに料理にこだわりのある人しか買わないでしょう。そうすると、その顧客には「料理好き」という二次説明変数を付けることができそうです。また、商品マスタ側にも、「料理好き向け」という二次説明変数を付けることができます。なお、このように商品側に付けた二次説明変数は「商品DNA」と呼ばれることもあります。

　ほかにも、スーパーの場合、まとめ買い用の大容量商品、減塩などの健康志向商品、飲料の加糖・微糖・無糖などと、個性を持った商品はいろいろありそうです。旅行代理店が扱う観光スポットの場合、自然景観、博物館・美術館、歴史・寺社仏閣、グルメ、買い食い、ショッピング、アクティビティ、子供向け、駅近く、などなどを付けていけそうです。これらを二次説明変数化して分析に使うことで、これまで見えなかった結果が見えてくるかもしれません。

　さて、このような流れで、元のデータはごく一部の個人情報や購買事実しかなく簡素でしたが、少し突っ込んだデモグラフィック（人口統計学上の属性情報）や趣味嗜好まで、推測ではありますが元データを進化させることに成功しました。さらに増やしていけると、分析の幅が一気に広がりそうです。では、さらなる二次説明変数の作り方を見ていきましょう。

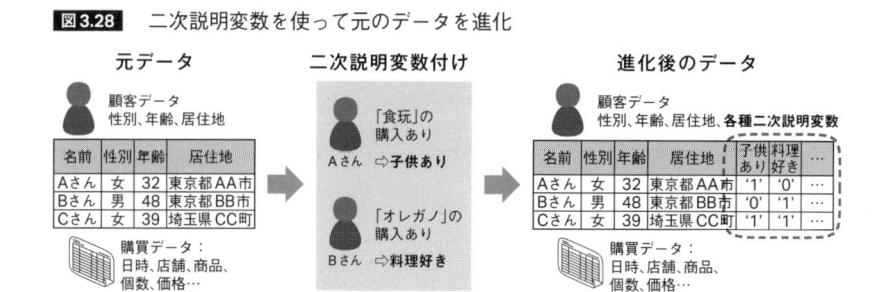

図3.28 二次説明変数を使って元のデータを進化

元データ

顧客データ
性別、年齢、居住地

名前	性別	年齢	居住地
Aさん	女	32	東京都AA市
Bさん	男	48	東京都BB市
Cさん	女	39	埼玉県CC町

購買データ：
日時、店舗、商品、
個数、価格…

二次説明変数付け

Aさん
「食玩」の
購入あり
⇨子供あり

Bさん
「オレガノ」の
購入あり
⇨料理好き

進化後のデータ

顧客データ
性別、年齢、居住地、**各種二次説明変数**

名前	性別	年齢	居住地	子供あり	料理好き	…
Aさん	女	32	東京都AA市	'1'	'0'	
Bさん	男	48	東京都BB市	'0'	'1'	
Cさん	女	39	埼玉県CC町	'1'	'1'	

購買データ：
日時、店舗、商品、
個数、価格…

二次説明変数の作り方2： 各項目の合計値や平均値

　数値が格納されている項目（すなわち量的変数）、もしくは、データの行数（個数や回数に該当）について、人や商品ごとの合計値や平均値をとって、カテゴリ化する方法です。先に紹介したデシル分析やRFM分析などはまさにこの方法です。

　RFM以外にも、例えば顧客ごとに、買い物1回当たりの商品点数の平均値を見れば、少量を都度買いしている顧客なのか、まとめ買いしている顧客なのかのセグメントが作れるでしょう。

　また、ECサイトのアクセス解析では、商品購入に至る直前に平均何個の商品を閲覧しているかを、人ごとに算出した二次説明変数（アクセスログの行を人ごとにカウントすればよい）を設けることで、その回数が多ければ「自社のECサイトでいろいろ比較して買ってくれている」という用途が垣間見えます。回数が1〜2回なら、「何を買うかは既に決め打ちされており、純粋に購入チャネルとして自社のECサイトを使ってくれた」と推測できるでしょう。ECサイトに対するニーズや使い方はこのように一人一人異なりますので、優良顧客化していくために採るべき施策はそれぞれ違ってくるでしょうが、その違いを考慮できるようになるのです。

二次説明変数の作り方3： 各項目の値の発生割合を見る

　ID-POSデータであれば、購入日時の情報も持っているはずです。であれば、その購入日時を、まずは朝／昼／夜×平日／休日の6つのカテゴリに変換します。そして、顧客ごとに、どのカテゴリでの購入が多いかを算出します。さらに、いずれかのカテゴリが50%（※70%でも80%でも可、分析用途に応じて閾値を調整します）を超えてい

たら、「平日昼派」とか「休日夜派」とかの二次説明変数にして、その顧客に付与していきます。

購入日時がどの派に属すかによって、ある程度その人の生活スタイルが垣間見えそうですし、平日昼派なら専業主婦である可能性が高いでしょう。先ほどの例では家族構成が推測できましたが、今度は職業も推測できそうです。また、毎週水曜にポイント2倍セールをやっているとして、朝／昼／夜×曜日でカテゴリを作った際に水曜夜派なら「ポイント狙いだろう」というように、その人のインセンティブへの感度も推測できそうです。作り方2と作り方3を図示化すると、次のようになります。

図3.29 各項目の合計値や平均値、または発生割合を使って二次説明変数を作る例

購買データ

顧客ID	購買日時	購買数	購入数	金額
C0001	3/1 12:31	商品A	2	200
C0001	3/3 11:54	商品A	1	100
C0001	3/6 11:58	商品A	1	200
C0001	3/7 12:25	商品B	1	120
C0002	3/2 18:11	商品F	2	400
C0002	3/3 19:03	商品F	2	400
C0002	3/4 20:01	商品B	1	120
C0003	3/3 17:31	商品B	5	600
C0003	3/8 18:29	商品B	6	720
C0003	3/9 18:34	商品C	3	300

C0001さん
来店時間帯：昼が多い→昼タイプ
商品ごとの金額比率：商品Aが81%→商品A派
来店当たり平均購入数：1.5本→都度買いタイプ

C0002さん
来店時間帯：夜が多い→夜タイプ
商品ごとの金額比率：商品Fが87%→商品F派
来店当たり平均購入数：1.7本→都度買いタイプ

C0003さん
来店時間帯：夜が多い→夜タイプ
商品ごとの金額比率：商品Bが81%→商品B派
来店当たり平均購入数：4.7本→まとめ買いタイプ

顧客データ

顧客ID	性別	年齢	居住地	購買日時
C0001	女	48	東京	専業主婦
C0002	男	32	神奈川	会社員
C0003	女	29	埼玉	会社員

顧客データ（データ進化後）

顧客ID	性別	年齢	居住地	購買日時	来店タイプ	商品派閥	購入数タイプ
C0001	女	48	東京	専業主婦	昼タイプ	商品A派	都度買いタイプ
C0002	男	32	神奈川	会社員	夜タイプ	商品F派	都度買いタイプ
C0003	女	29	埼玉	会社員	夜タイプ	商品B派	まとめ買いタイプ

二次説明変数のまとめ

さて、二次説明変数の作り方を何パターンか見てきました。アイデアさえあれば、いくらでも作れそうだと分かって頂けたでしょうか。だからこそ、「何を分析したいのか」という目的が最初に明確になっていないと、二次説明変数をどんどん作って、いろいろグラフは作ってみたけれど、「このグラフってなんの意味があるんだっけ？」と、今度は二次説明変数の海に飲れてしまうおそれが生じてしまいます。二次説明変数の検討や作成においても、目的から入ることは重要なのです。

なお、AIの手法の1つに「クラスタリング」があります。同様の特徴を持ったいくつかの集団にAIが分ける手法です。ただし、元データの項目数がそもそも少ない場合に

は、クラスタリングをやっても面白くありません。AIが本領を発揮するのは、データ数とデータ項目が多く、人手で分類をやっていると時間がかかりすぎて現実的ではないというケースです。

　いろんな二次説明変数を付与した顧客データや、いろんな商品DNAを付与した商品データをクラスタリングにかければ、近しい人ごと、近しい商品ごとに分類できるでしょう。大量の商品アイテムを扱うスーパーやECサイトの場合、特徴の近しい商品を発見でき、レコメンドにつなぐことができるかもしれません。

業界特有の切り口もある

　切り口の見つけ方として、二次説明変数を作ることもテクニックの1つですが、「そもそも元データの項目を増やせないか」、すなわち「ほかに入手できるデータはないのか」という観点も必要でしょう。そのような際に、指標もそうでしたが、切り口にも業界特有のものがあります。これも先人の知恵ですので、使わない手はないでしょう。

　例えば、製造業で不良品の分析を行うときには、4Mという品質管理の有名な考え方があります。不良品が混じる原因を特定する際に、人（Man）・機械（Machine）・原材料（Material）・製造手法（Method）という4つのMのどれかに原因がある場合が多いので、これらの切り口を使って不良品が多いところはないかを見るという手法です。不良品の原因特定分析にあたって、作業員と機械と製造手法のデータしかなかったら、原材料の仕入元にデータの提供を依頼することで、原因特定の可能性が高まるでしょう。

　マーケティングの世界には4Pというフレームワークがあります。製品（Product）・価格（Price）・宣伝（Promotion）・流通チャネル（Place）です。小売業で売上が落ちている原因を知りたいというときに、この4つの観点で「切り口を作れないか」と発想できるでしょう。

　DS協会のビジネス力スキルチェックリストに、「主に担当する事業領域であれば、取り扱う課題領域に対して基本的な課題の枠組みが理解できる（調達活動の5フォースでの整理、CRM課題のRFMでの整理など）」という項目があります。各業界や事業でのフレームワークを知っておくべきということです。知っていれば、外せない切り口を漏らさず使って、分析を進めることができるということなのでしょう。

説明変数の値も精査しよう

　ここまで、いい切り口の見つけ方を紹介してきました。しかし、せっかくいい切り口を見つけても、そこに格納される値をいい加減にしていたのでは、分析効果やAIの精度は半減してしまいます。AIモデルの選択やパラメータのチューニングよりも、よい切り口(説明変数)を見つけてきたほうが、精度を大きく改善できる可能性があります。以降は、その点についても述べていきます。具体例を挙げて説明します。

　曜日や平日休日を説明変数にすることは多いでしょう。しかし、単純に (月曜 ='1'、火曜 ='2'…日曜 ='7' とか、平日 ='0'、休日 ='1' といったように) カレンダー上の曜日や休日フラグを付ければよいのでしょうか。何度も繰り返しますが、分析の基本は差を見ることです。AIがやっていることも、突き詰めれば切り口のどこで差が出ているのかを見ているだけです。したがって、カレンダー上は同じ金曜日でも差が出る可能性があるのなら、「金曜 ='5'」と一律設定するのでなく、それぞれ別の値にすべきと言えます。

　例えば通常のコンビニであれば、どの金曜でも同じかもしれません。しかし、オフィス街にある、ビジネスマンをターゲットとした昼食の弁当屋さんなどはどうでしょうか。3月14日の金曜と3月21日の金曜では、本当に同程度の客数と言えそうでしょうか。

図3.30　曜日の値設定

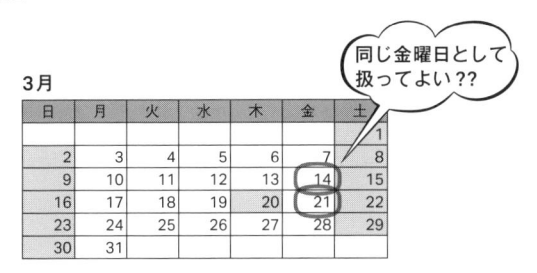

　祝日と土日に挟まれた金曜は、普段の金曜日よりも年休を取る人が多く、客数も減ると推測できないでしょうか。であれば、休日に挟まれた平日だけは、休日間平日 ='8' と設定すべきかもしれません。

　基礎分析のメリットは前述のとおりですが、ちょっと気の利いた変数の値を設定した際には、本当に差があるのかを可視化してみるとよいでしょう。そして、差が出そうだと分かれば、その説明変数の値設定でAIにかけることで精度も向上するというこ

とです（差が出なかったら元に戻せばいいだけです）。単純なグラフでも、ひととおり可視化するという基礎分析のメリットはこのようなところにもあります。

　観光地での来場者予測なども、曜日の変数として、ちょっと気の利いた値を設定できそうです。観光地では当然、平日よりも休日のほうが人出は多いでしょう。しかしそれを、単純に休日フラグ（平日 ='0'、休日 ='1'）と設定してしまって大丈夫でしょうか。

　日帰りで行くような観光地の場合、日曜だと翌日が平日なので、「思いっきり遊べないから土曜に行こうか」と考える人も少なくないでしょう。であれば、一律「休日 ='1'」とするのでなしに、土曜と日曜で値を分けるべきです。さらに、月曜が祝日で3連休なら、日曜も通常の土曜と変わらない人出になるかもしれませんから、通常の日曜とは別の値にすることも考えられます。

　なお、この例は、筆者が実際の分析案件で試した内容であり、休日の扱いをこのように工夫したうえでAIにかけたところ、精度が向上しました。

　特に、観光地での来場者予測のように、人間をターゲットにした分析の場合は、自分自身も人間ですので、想像力を膨らませることにより、このちょっと気の利いた説明変数を考えやすいチャンスと言えます（一方、機械の故障予測などでは、私たちには機械の気持ちは分かりませんので、そうはいきません。自身で想像力を膨らませるよりも、有識者に聞いたほうがよいでしょう）。

現地に出向くことの重要性

　「説明変数の値も精査すべき」という点で、もう一つ挙げておきたい話があります。DS協会のビジネス力のスキルチェックリストの1つに「現場に出向いてヒアリングするなど、一次情報に接することの重要性を理解している」とあります。なぜでしょうか。

　例えば、売上を予測したい店舗の立地が、特色のない住宅街の中であれば、休日フラグのみでよいかもしれません。オフィス街のど真ん中なら、前述のような「休日間平日 ='8'」にするといった考慮が必要だと肌感覚で実感できるでしょう。分析対象のデータ項目に「A店、B店」と書かれているのをPC画面で眺めているだけでは絶対に気づけない視点です。このように、データが発生している現場、自身が分析しようとしている現場の実情を、五感で感じることが非常に重要なのです。

　また、現場の担当者へのヒアリングも重要です。筆者も「ある機器の故障を予測し

たい」という案件で、それを実感しました。予測モデルを作ろうとしている際に、明らかに故障と関連しそうな説明変数がデータ項目内にあることに気づきました。「いやー、これは簡単な案件だったな」と、その説明変数を使ってAIにかけてみたのですが、予想に反して精度が全く向上しないのです。

そこで現地に出向いて現場の方に話を伺ったところ、その説明変数に入っている値は機器の設置当初のものであり、その後何度も修理やメンテナンスがされているのに、その値はデータに反映されていないとのことでした。要は現状と全く異なる値が格納されていたわけで、それでは正確な予測にならないのも当然です。

そして、現地を見学している際に、故障に関係しそうなものを見つけました。外から直射日光が当たる窓ぎわの機械と、そうでない機械があることに気付いたのです。その結果、機械の配置に関する追加情報をもらって分析することになりました。

このようにデータの発生現場に出向き、そのデータがどのように記録されているのか（もしくは記録がサボられているのか）、分析のために重要そうなデータをもらい損ねていないかなどを、実際に見聞きすることの大切さを改めて思い知らされました。それ以降、お客様のビジネスをより深く知るために、BtoCビジネスであれば、自分で顧客になってみることを心掛けています。必ずそのお店を見に行ったり、ECサイトで実際に購入してみたりするのです。

ただ、ある案件でマンション関連の分析を行うことになった際は、さすがにマンションは買えませんので、代わりに資料請求だけ行いました。ある物件に関しては、ちゃんとしたつくりのパンフレットと、今後の流れなどの詳細な説明資料が郵送されてきました。もう一つ別の物件では、公式Webサイトで見たことあるような情報しか載っていないPDFが、メールで送られてきただけでした。責任者に話を聞くと、資料請求への対応の仕方は、各物件の営業チームそれぞれに任せているとのことでした。

受領したデータ上では、資料請求フラグ「'0', '1'」で表現されていたのですが、同じ '1' でも、資料を受け取った顧客が受ける印象は全く異なるわけです。ひょっとしたら、メール資料 '1'、郵送資料 '2'、と「'0', '1', '2'」の説明変数に変えるべきかもしれません。

実際にそのサービスに触れてみることで、データ上はただの '1' でも、実は複数のパターンが混じっていることに気づくことができました。一次情報に接することの重要性を二度も体感させられたわけです。

データはあくまで世の中の複雑な事象の"一部"を数字として切り出したにすぎま

せん。ですので、実際の現場に行き、自らサービスに触れて、それぞれの数字が具体的に何を表しているのか、適切に数値化されているのか、もっといい説明変数がほかにあるのではないかを探る必要があります。そうして一次情報に接すると、気づけることが多々あります。分析対象のデータがまさに作られているその現場に、ぜひとも直接触れてみてください。

書籍紹介コラム

『会社を強くする ビッグデータ活用入門
基本知識から分析の実践まで』

（網野知博著、日本能率協会マネジメントセンター刊）

第三次AIブーム直前の、「ビッグデータ」というキーワードがまだ主流だった2013年当時の本です。しかし、「データ分析とは何か」の本質に言及しており、今も色あせない内容で、「データ分析の本質は今も変わっていないな」と改めて感じさせてくれます。

また、二次説明変数（この本の中では「二次属性」と呼んでいます）が詳細に解説されており、特に紹介書籍の7章で述べられている英国スーパーマーケットのテスコでの「商品DNA」と呼ばれる手法は、いい切り口を導出するための最たるもの。分析者の腕の見せ所である「いかにいい切り口を作るか」を深く知る一環として、ぜひ読んでみてもらいたい一冊です。

AI精度の目標設定

評価基準の決め方（基本）

　指標に関連して、AIモデル作成の際に必ず話題に挙がる精度評価について本節では説明します。第三次AIブームの黎明期には、精度の目標値を決めずに始まるAIプロジェクトが散見されました。そして、プロジェクトの終盤になって、「もっと精度は上がらないのか」というクライアントと、「これ以上は難しいし、だいいち、もうプロジェクト予算が残っていない」というAI提供企業との間で、トラブルとなるケースが見られました。

　近年はさすがに、先に精度目標を決めるのが普通となりましたが、ではどのようにして目標を設定すればよいのでしょうか。その際に、クライアントに「目標の精度はどのくらいがいいですか？」と聞くのは愚問です。逆の立場になって考えれば容易に分かりますが、「できる限り100％に近づけてほしい」と私がクライアント側なら答えます。真剣に考えてみると、実は結構難しいものです。だからこそクライアントに聞くのではなく、根拠と共に具体的な数値目標を提案するのが望ましいでしょう。そのための指針を本節ではいくつか紹介したいと思います。

　一番よい方法は、最終的に金額（売上向上分やコスト削減分）に換算する方法です。AI適用にかかる費用よりも金額的なメリットが出るのであれば、誰もが納得するからです。

　簡単なシミュレーションをしてみましょう。例えば、おにぎりを作りすぎて、廃棄ロスになっているとします。売れずに無駄となった1個当たりの製造コストと、現行の予測精度の下で生じている廃棄ロスの個数を算出します。そして、精度改善によって削減できたコスト効果が、AI適用にかかる費用を上回らないといけません。

【現状】

10000個製造、70%の精度で当たる（30%分売れずに余る）、1個当たり50円
の無駄な製造コスト

10000個×30%×50円＝15万円の無駄な製造コストがかかっている

【AI適用】

AI適用にかかる費用10万とすると、10万円を超える精度改善が必要

精度80%と10ポイント改善すれば、10000個×20%×50円＝10万円

となるので、AI適用にかかる費用とトントンになる

　この場合、精度目標として80%を超える数字が出れば、このAI適用は意味のある
取り組みであると判断できます。このように数字で根拠を示せば、クライアントとの
根拠のない余計な押し合いは防げるでしょう。

AIプロジェクトの開始前には、ざっくりでいいので、このような簡単なシミュレーションをしておくことは必須だと思います。というのは、精度として99.9%が出たとしても、AI適用コストを考えると全くペイしないという顛末も最初にわかるからです。要は、ビジネスインパクトの小さい課題に対しAI適用を図っていたわけです。将来性のないPoCプロジェクトに手を出さないようにするためにも、必ず実施してほしいと筆者は考えています。

評価基準はビジネス文脈に依存

　さて、基本的な考え方は以上のとおりですが、この精度目標を決める際にも、「ビジネス課題から入る」、「クライアントの目的から入る」ことが大切です。クライアントのニーズや業務課題を理解していないと、適切な評価基準を定めることはできません。

　実際のAIの精度評価には、MAE（Mean Absolute Error：平均絶対値誤差）やRMSE（Root Mean Squared Error：二乗平均平方根誤差）などいくつか提唱されており、それらを使うことになります。AIモデルを作成して動かした際に、これらの精度評価も同時に算出する機能が既に組み込まれていたりします。しかし、安直に「この誤差の値が0に近いからOK」と言ってよいのでしょうか。

　次の図のどちらのAIモデルが優れているでしょうか。

図3.31　AIモデルの精度比較

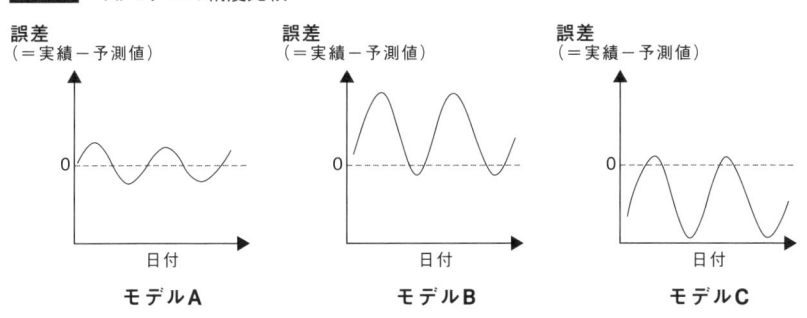

　答えは、「ビジネス文脈による」です。売れ残りは廃棄ロスになりますが、売り切れも機会損失になります。「どちらも減らしたい」という要求なら、単純にMAEが小さいモデルAのほうが最適でしょう。

しかし、ESG（Environment：環境・Social：社会・Governance：企業統治）の観点で「今年は商品廃棄ロスを会社の最重要課題として取り組んでいる」ということであれば、話は違ってきます。すなわち、予測量を実際よりも少ない方向に外してしまうことに対しては、業務上のインパクトが発生しない（機会損失はそこまで気にしていない）ことになり、そうであれば、売れ残りの方向に外してしまう回数の少ないモデルBが最適と言えるでしょう。さらには、プラスの方の誤差は評価対象に入れないようにして、AIモデルを最適化するという手段も考えられます。

逆に、「どんどん新規顧客を獲得しているフェーズなので、売り切れによる機会損失は困る、廃棄ロスにかかるコストは気にならない」ということであれば、売り切れの方向に外してしまう回数の少ないモデルCのほうが最適と言えるでしょう。

このように、PCとにらめっこして、手元のデータを使ってAIモデルを作成していればいいというわけではなく、「どのようなビジネス文脈で使われるAIなのか」という背景を理解しないと、精度評価をはじめとして最適なものをクライアントに提供することができないでしょう。

また、ビジネスの文脈によっては、そもそも金額に換算しての判断が、目的に鑑みると不適切となるシーンがあるかもしれません。例えば、近年問題となっているのが、熟練技術者の後継者問題です。ごく少数のベテランに予測や判断を依存している状況から脱し、将来ベテランに頼らなくても業務が回るような仕組み作りが急務ということなら、高い精度を出せるかどうかは二の次かもしれません。このように「ベテランに頼らずとも業務に耐えうるそこそこの精度が出れば十分」というケースもあるでしょう。その場合は「AI化できること」それ自体が重要なのです（なお、このケースであえて評価基準を決めなければならないなら、「現状のベテランによる予測と同等の精度が出るか」でしょうか）。

外れ値の取り扱い

データセットの中で他と比べて極端に大きい値や小さい値を「外れ値」と呼びますが、これを除去してAIモデル作成用の学習データに使うことがあります。AIモデルの作成上は正しいアプローチですが、外れ値のことは忘れてしまってよいかというと、そうではありません。

まずは、データ提供元のクライアントに、その外れ値は真実（ファクト）を表してい

るのか、それとも単なる入力ミス等の誤りなのかを確認しましょう。誤りなら、もう忘れてしまって構いませんが、正しい値なら、ひょっとするとビジネス的に重要な示唆を含んでいるかもしれません。なぜ外れ値になっているのか、原因を特定する価値はあるでしょう（例えば、近くの小学校で運動会があった日など）。

　AIも道具ですので、使い方は人間が決めればいいのです。「運動会以外の日はAIモデルの予測に頼るが、運動会の日だけは人手で予測する」という業務ルール等が考えられます。「AIに極端に依存せず、ハイブリッドな活用を模索してもよい」という一例として紹介しました。

図3.32　外れ値の適切な取り扱い

精度向上に向けて

　「AI適用時にアルゴリズム選択やパラメータのチューニングをいろいろ変えるよりも、よい切り口（説明変数）を見つけてきたほうが、精度が大きく改善される場合もある」というのは3.4節でも述べたとおりです。3.4節では、「ビジネス文脈の理解や考察をしっかり行うことで、よい説明変数を見つける」というテクニックを紹介しました。ここではもう少しテクニカルに精度を改善するための技を紹介します。

　それは、予測値と実績値のグラフを重ね合わせて可視化し、大きく外しているところに共通する要因は何かを調査・推測する、という技です。

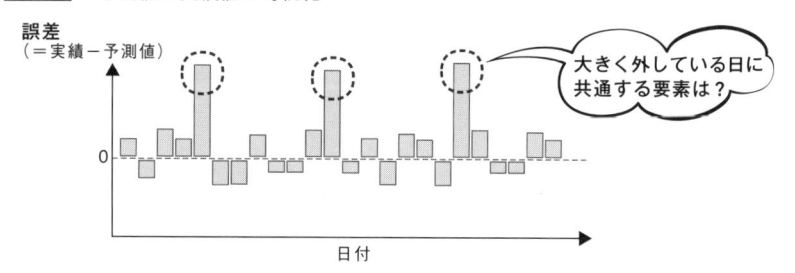

図3.33 予測値と実績値の可視化

誤差
（＝実績−予測値）

大きく外している日に
共通する要素は？

0

日付

　グラフを眺めていると、「大きく外している日に共通するのは水曜日である（近くの工場の定休日？）」ということが見えてくるかもしれません。であれば、「平日／休日」で説明変数を作っていたのは不適切であり、水曜だけ別のフラグにするか、もしくは曜日別で説明変数を作るよう改善することができます。

　結局のところAIも、大量のグラフを集めてきて「どの切り口（説明変数）を使えば差が出るのか」という複雑な計算を裏でしているだけです。人間がやる基礎分析の延長をやっているだけなのです。そう考えると、「いかに適切な説明変数を作ってやるか」がAIの精度改善には重要だとわかるでしょう。

どのAIモデルが適用されているかの確認

　メガクラウドなどでは、利用者に機械学習の深い知識がなくても、データをアップロードしたあとはボタン1つで、自動的に最適なアルゴリズムを選択してAIモデルを作成してくれるサービスが増えてきました。便利な世の中になったものです。確かに、価値を生むのは予測や分類の結果をどうビジネスに生かすかにかかっており、AIモデルをどう作成するかは本質的問題ではありません。アルゴリズム選択等はサービスに任せて、人間はもっと本質的なところに注力すべきだと感じます。

　ただし、だからと言ってそれぞれのアルゴリズムについて何も知らなくてよいのかというと、そうではないと思います。「アルゴリズムの概要は知っておくべき」というのが筆者の考えです。

　例えば、ある観光地の来客数を予測するために、気温と来客数の関係について基礎分析をしたとします。恐らく寒すぎても暑すぎても人出は鈍るでしょうから、気温と来客数は非線形の関係になるでしょう。

このような予測問題に対して、直線で予測モデルを作る線形回帰系のアルゴリズムを使ってしまうと不適切になるわけです。過学習を防止するために考案された線形回帰の派生形であるラッソ回帰やリッジ回帰、ラッソとリッジの組み合わせであるElastic Net辺りも、もしアルゴリズムとして選ばれていたらマズいのです。

図3.34　非線形の関係のものに線形回帰を適用

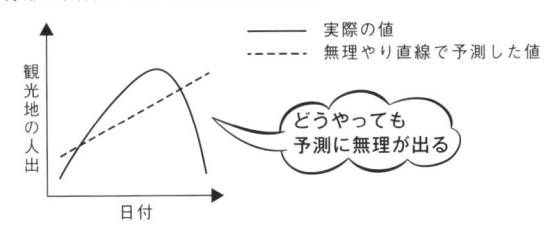

　また、分類問題ではロジスティック回帰が有名ですが、これは分類境界を直線で分けるアルゴリズムです。したがって、工場マシンの異常検知のように、「中心部はOKで周辺はNG」といったように、OKとNGの境界をスパッと直線で分離できない問題の場合には、ロジスティック回帰ではマズいわけです。逆に、直線を使わないカーネル法を用いたサポートベクタマシン（SVM）が使われているなら、適切そうだなと思えます。

図3.35　SVMは3次元で分類境界を作るので直線以外や飛び地を表現できる

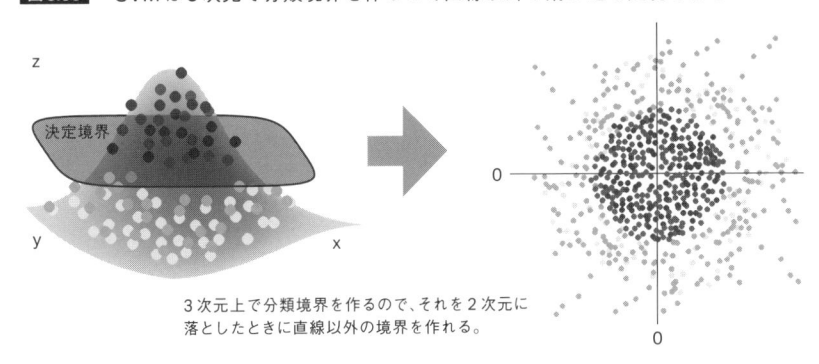

3次元上で分類境界を作るので、それを2次元に
落としたときに直線以外の境界を作れる。

　また、線形回帰などでは、以下のような数式を使います。

$$y = ax_1 + bx_2 + \cdots \quad （x_1は曜日の変数）$$

このときもし、データ上で曜日が1(日)〜7(土)と数字で表現されている場合、日曜日と土曜日の間に大小関係があるわけではないので、そのまま数式に突っ込むわけにはいかず、One-Hotエンコーディングしておかなければいけません。

しかし、ランダムフォレストに代表される決定木系のアルゴリズムは、線形回帰等とは全く違って、要は細かくIF文を書いて分類していくようなイメージとなります。そのため回帰とは違って、以下のような表現が可能です。

```
IF 気温 >= 10 AND 価格 <= 3000 AND 曜日 = '1' or '7' THEN X・・・
```

ですので、「One-Hotエンコーディングせずに値が使われているけど大丈夫だな」と分かってきます。

このように、それぞれのアルゴリズムの特徴や概要、イメージ程度は知っておかないと、解きたい問題に即したアルゴリズムが適切に選択されているか、あるいは適切な前処理がなされているか等に気づけないわけです。第1章で「データ分析やAIの基本的概念は知っておくべき」と述べたのには、このような背景もあったのです。

以上、少し専門用語も使ってしまいましたが、この専門用語が分かる程度には機械学習の概要を知っておくべきという目安にしてください。

分析の実施

データクレンジング

データの品質確認

さて、分析設計も終わっていよいよ手を動かしていくわけですが、最初に行うのがデータクレンジングです。「データ分析はデータクレンジングが8割」という有名な言葉があるとおり、地味な作業ですが時間もかかるという、データサイエンティストにとって鬼門の作業です。しかし、この作業をおろそかにしてしまうと正しい分析ができず、結論の誤誘導にもなりかねないので、しっかりとやる必要があります。

では、何から始めればいいのでしょうか。まずはデータの各項目の中身を大まかに把握するところから始めましょう。システムや業務の都合上や入力ミスにより、異常な値が含まれていることが往々にしてあります。細かく1つ1つまでは見ていられませんが、見るべきポイントがいくつかありますので、それらを確認することで異常値を発見しやすくなります。

具体的には以下を確認していきます。これにより、どうクレンジングすればよいかの方針が立つことになります。なお、以下のうち「行数」の確認だけはテーブルやファイルに対して行いますが、その他については個々の項目（カラム）に対して行います。

・行数

これはクレンジング作業すべての基礎です。データの行数（各項目ではなくファイルやテーブルが持つ行数）をカウントします。なお、顧客属性データと商品購買データといったようにファイルやテーブルが分かれている場合は、それぞれのファイルやテーブルごとに行数を算出します。

なお、ファイルの場合はヘッダ行（＝項目名等のデータについての説明が書いてある行）に注意してください。ヘッダ行はカウントから抜く必要がありますし、まれに

ヘッダ行が2～3行あることがありますので、ファイル末の行数を見て安易にカウントしないようにしましょう。

　ではなぜ、行数を知るべきなのでしょうか。それは、行数（＝データ数、レコード数）によって、どの分析手法が適切かが変わってくるからです。例えば、scikit-learnのチートシート[1]が有名です。データ数が数十件未満では統計的な解釈すら厳しいと言われる一方、少なくとも1000件は超えてこないと機械学習は厳しいとも言われています[2]。

・カーディナリティ（多重度）

　あるデータ項目に何種類のデータ値が含まれているかの確認です。これを見る目的は2つあります。

　1つは、一意キーを探すことです。一意キーとは、その値を使えば必ず1つの特定行しか示さないというものです。そして、もしその項目が一意キーなら行数とカーディナリティ数が一致しますので、その項目が一意キーだと特定できます。

　例えば顧客属性データでは、顧客IDと呼ばれる、他の顧客とは絶対に重複しない唯一の番号が振られています。測定対象を時間の経過順に並べた時系列データでは、同じ日時というものは存在しないはずです。また、注文番号と購買日時のように、2つの項目を組み合わせて一意キーとなる場合もあります。そして、この一意キー項目を使って、顧客は全員で何人か、今月合計で何件の取引があったかなど、基礎となる数字をカウントするのに使っていきます。

　もう1つの目的は、クレンジングの要否を確認するためです。例えば、その企業では会員カードランクがゴールドとシルバーとブロンズしかないはずなのに、会員カードランクの項目に10種類も値があるとしたら変でしょう。例えば、「ゴールド」と「ゴールド（GOLD）」と「ゴールド－GOLD」のように、同じ意味を持つ異なる言葉が混在しているかもしれず、これらはすべて「ゴールド」と1つに集約してから分析する必要があると分かります。また、店舗IDが10万もあったら「何かおかしい」と分かるでしょう（コンビニの店舗や銀行のATMでも全国でせいぜい数万です）。反対に、値が1種類しかないデータ項目があった場合、それは分析には使えないので、「以降の分析で

---

[1]　scikit-learn チートシート
　　https://scikit-learn.org/stable/machine_learning_map.html

[2]　データ数が1000件以上あれば必ず機械学習が使えるという意味ではありません。データの項目数やそのなかの値の偏り具合によって状況が変わるからです。

は除外してよい」と分かるでしょう。なぜなら分析は分けて差を見るために行うので、値が1種類しかなければ、そもそも分けられないからです。

・カーディナリティごとの行数

　カーディナリティを調べた後に、カーディナリティごとの行がそれぞれ何行あるのかも確認しましょう。例えば、購買履歴データで店舗IDのカーディナリティが10種類だった場合、その店舗ID:1から店舗ID:10の行数をそれぞれカウントします。店舗ID:1から店舗ID:9までがそれぞれ1万行前後なのに対し、店舗ID:10だけ3行だったとしたら、店舗ID:10だけ何か特殊なレコードなのではないかと推測できます。実際に3件しか購買がないのか、特殊な店舗なのかは、クライアントに確認するとよいでしょう。

　ほかにも、生年月を見る時にも威力を発揮します。年ごとにレコード数をカウントしたときに同程度か、なだらかな山谷が出ているのが自然ですが、ある年だけ突出して多いことがあります。実際にあった例として、年齢不明を「1900/01」や「2000/01」に変換していたケースがありました。さすがに120才代が一番多いはずはありませんので、分析途中で「1900/01」のレコードが多いことが実態に合っていないことに気づけそうです。しかし、サービスによっては20才代が一番多いというのはあり得ますので、「2000/01」の件は、このクレンジングの段階で見つけておかないと、以降の20才代と変換してしまった後ではもう気づけないかもしれません。ですので、最初に確認しておくことが重要なのです。

・欠損値

　値が何も入っていない項目 (システム用語ではnullと呼ばれたりします) の行数をカウントします。欠損値となっているところをそのままにしておくと、この後SQLで分析したり、AIモデルを構築したりする際に、不具合の温床となります。したがって、たいていの場合は何らかの値で補完してしまう、という処理が必要です。

　例えば、生年月が不明の場合にnullとなっているのであれば、「不明」という文字列に置き替えてしまうなどの処理をします。項目のデータ型が数値の場合は「0」を入れたり、その項目の意味上存在しえない値 (例えば0円以上しかありえないはずの商品価格のところに「-1」) を入れたり、データ全体の平均値や中央値で埋めるなど、分析の目的によってどう補完するかはケースバイケースですが、何らかの値で補完します。

余談になりますが、数字の場合の補完は本当に注意してください。それだけで1節分使って解説している本もあるくらいです。例えばGPSの位置情報が欠落している場合、「0,0」と補完してはいけません。北緯0度西経0度という実際に存在する地点(アフリカ西側の大西洋のある地点)を意味してしまうからです。「-1,-1」とするか、前後の位置情報の中間地点で補完するかをしないといけません。センサーの異常検知で時系列データを分析する場合も、観測値がnullの場合は何らかの値で補完する必要がありますが、安直に平均値で補完するというのは一考の必要があります。時々発生する大きな最大値(または最小値)に引っ張られて、平均値だと通常の状態よりも外れてしまう可能性があるので、中央値を使って補完するほうがよいなどの工夫が考えられます。データサイエンティストの腕の見せ所の1つでもあるので、慎重にやりましょう。

・最小値／最大値

　おかしな値は、各項目の最小値と最大値にもしばしば現れます。まず、数字の項目には必須の確認ポイントです。

　例えば、購買履歴で金額の最小値を見たときに、通常であれば1円以上となっているのが普通でしょうが、0やマイナス値が最小値となっている場合があります。このとき、「無料プレゼントは0円に値を変換する」という業務ルールや、「返品や割引の取引は金額をマイナスに変換する」というルールがあるのではないかということはすぐに推測できます。

　データ分析の目的に応じて、このような行をデータ分析の対象とするかどうかをクライアントと相談し、クレンジングの方針を決めましょう。

　最大値についても同様です。同じく購買履歴で金額の最大値を見たときに「999,999」となっていたら、「ひょっとしたら変かもしれない」と気づけるでしょう。暗黙の業務ルールで、「特殊な取引の場合は999,999と入力する」と定められていたのかもしれません。これも変換ルールがあるのかをクライアントに確認するとよいでしょう。

　また、文字列の場合でも、Excelや分析ツールではたいてい、ABC順やあいうえお順など何らかのルールに従って並べ替え(ソート)をしてくれます。そして、特殊な値を区別するために、業務ルールとして頭に「*」や「!」などの記号が付いていることも多く、並び替えた後の頭の数行と終わりの数行を眺めるだけでも、特殊な値が入っていることにしばしば気づけます。

データクレンジングのもう1つの効果

　ここまで見てきた値を確認するだけで、クレンジング方針を立てられるという以外の効果もあります。この後、分析結果を解釈していくときに、そのビジネスの概要や基礎知識をインプットできるようになるからです。

　例えば、カーディナリティに生年月の行数を見ていれば、若者の購入が多いサービスなのかがわかり、購入金額の平均値や中央値を見ていれば、1人が1回に買う金額は5万円くらいのビジネスなのかといった具合に、詳細に分析する前になんとなくこれらの感覚を掴めます。

　同様の意味で、平均値や中央値も併せて見ておくとよいでしょう。そのビジネスの代表的なパターンを掴むのに平均値や中央値は最適ですし、「平均値≒中央値」なら正規分布に近く、「平均値＞中央値」なら右側にすそ野が長い山型であり（これが人ごとの年間購入金額分布ならライトユーザが多い、もしくは一部の極端な超ヘビーユーザがいると言える）、「平均値＜中央値」なら左側にすそ野が長い山型になっていそうだ（これが人ごとの年間購入金額分布ならヘビーユーザの金額が総じて高めと言える）と、なんとなく推測がつきます。

図4.1　平均値と中央値による山型の推測

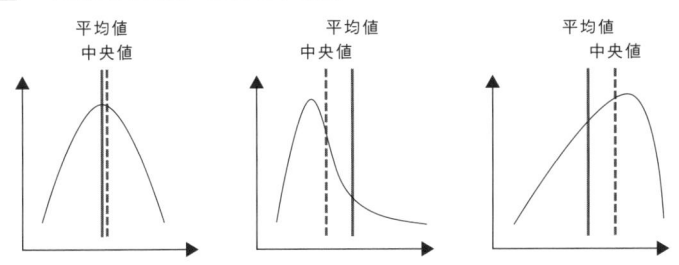

　このように、本格的に分析を行う前にアタリを付けておくためにも、データ品質評価を必ず行いましょう。

データクレンジングにはSQL

Excelだけでなく、より高度な分析を行えるツールも増えてきましたし、Pythonでも可視化やクレンジングは行えます。それでも、データ品質評価やクレンジングの作業をするには「やはりSQLがベストだな」と筆者個人的には感じます。

例えば、データ品質評価のうち平均値と中央値以外は、以下の簡単なSQL1行で調べることができます。SQL実行結果の行数がカーディナリティ、COUNTの数がカーディナリティごとの行数、さらにORDER BY句で並び替えているので、結果の最初と最後の行が最小値／最大値または文字列順に該当します。

```
SELECT [カラム名],
COUNT(DISTINCT [カラム名]) FROM
[テーブル名] GROUP BY [カラム名]
ORDER BY [カラム名]
```

また、実際にクレンジングを行う際も、SQLが便利です。先に例として挙げたカーディナリティで「ゴールド」と「ゴールド（GOLD）」と「ゴールドーGOLD」が混在している会員カードランクカラムをクレンジングする場合、ワイルドカードもうまく使えば、ちょっとしたCASE文でクレンジングがすぐに済んでしまいます。

```
CASE
    WHEN 'ゴールド%' THEN 'ゴールド'
    WHEN 'シルバー%' THEN 'シルバー'
    WHEN 'ブロンズ%' THEN 'ブロンズ'
    ELSE '不明'
END AS card_rank
```

最近はデータ分析やAIというとPythonのイメージが強いですが、まだまだSQLはパワフルです。Pythonはデータ分析やAI以外にも使える汎用的なプログラミング言語なので習得コストがそれなりに高いのですが、SQLはデータ操作に特化していることから習得コストは意外に低いので、ぜひチャレンジしてみるとよいでしょう。分析ツールでは実現できない、痒いところに手が届くデータ操作もできて、分析の幅が大きく広がります。本書第1章のコラムでSQLを使うマーケターの話を挙げましたが、背景にはこうした事情があったのです。

生成AIによる用語の統一やタグ付け

さて、データクレンジングで一番困るのがこれです。例えば、企業名などの固有名詞が、データ内で様々な形で表現されていることがよくあります。

例：「コンビニABC」「コンビニＡＢＣ」「コンビニエービーシー」

　　「コンビニエー・ビー・シー」「コンビニ　ＡＢＣ」…

これらは実際には同じ企業を指すので、「コンビニABC」という正式名称にデータ集約するクレンジングを行ったうえで分析を進める必要があります。前述のSQLのワイルドカードをうまく使うことで多少は効率的に処理できるものの、それでも時間がかかるのが一昔前までのデータ分析でした。

しかし生成AIの誕生により、風向きが変わってきました。「生成AIの導入はアルバイトを1人雇ったようなもの」と、筆者はよく言っています。つまり、人間が作ったWeb上のデータを学習しているので、“一般的な常識”を持ち、かつ、もし分からなければWeb検索することができるからです。

例えば、「以下の用語の揺れをうまく集約して」とお願いしたら、アルバイトの人も皆さんも、恐らくほとんどの人が同じように集約するのではないでしょうか。

例：

集約前

　「コンビニABC」「コンビニＡＢＣ」「コンビニＢＣＤ」「コンビニエービーシー」

　「コンビニエー・ビー・シー」「コンビニビー・シー・ディー」「コンビニ　ＡＢＣ」

集約結果

　「コンビニABC」に集約・・・「コンビニABC」「コンビニＡＢＣ」

　　　　　　　　　　　　　　「コンビニエービーシー」

　　　　　　　　　　　　　　「コンビニエー・ビー・シー」「コンビニ　ＡＢＣ」

　「コンビニBCD」に集約・・・「コンビニＢＣＤ」「コンビニビー・シー・ディー」

ということで、複雑な専門的思考や意思決定はできませんが、人間としての“一般的な常識”の感覚を持っているかのようにみなせるので、アルバイトでもできそうなこ

とは生成AIにもできるのです。

　また、以下の地名に「国名のタグを付けてください」と、アルバイトに依頼したとしましょう。

　例：青森市、福州市、晋州市

　日本人なら、青森市は日本だとすぐ分かりますが、残り2つは、人によっては（筆者もです）難しいかもしれませんね。ただ、アルバイトは、分からなければネット検索するスキルを持っています。Webで調べて、「青森市：日本、福州市：中国、晋州市：韓国」とタグ付けしてくれるでしょう。つまり、Web検索して特定できるようなことは、生成AIにもできるのです。

　こう考えると、用語の表記揺れの統一やタグ付けなど、データクレンジングと呼ばれる作業の多くについては、生成AIでも結構できそうだと言えるでしょう。もちろん、生成AIなので間違うことやハルシネーション（＝間違っていることを、さも本当らしく言ってしまうこと）が起こることはあります。しかし、判断が微妙な用語揺れについては、人間でも間違うことがありますし（僅差で当落が決まった選挙の再集計では、ときどき人によって解釈が分かれる票があり、裁判の争点になるのがいい例です）、Web検索しても特定できないものには、仮でタグ付けするしかありません。そもそも人間がやっても100%正しくこなせるわけではないですし、分析はあくまで傾向を見るだけですので、ほんの僅かであれば誤っていても分析結果の大勢に影響しません。

　また、このデータクレンジングという作業は、時間がかかる割に、「そこから何かの知見を得てアクションにつなげる」というデータ分析本来の目的に直接結び付く工程でもありません。したがって、こういうところはやはり生成AIに任せて、人間はもっと後の解釈や分析の深掘りなど、人間にしかできないところに時間を割くべきだろうというのが筆者の主張です。データクレンジングは省略できない重要な工程ではありますが、「データクレンジングが8割」という言葉は、もうすぐ死語になっていくのではないかと考えています。

クレンジングも分析目的に沿って

　さて、単純作業に思えるクレンジングですが、ここにもデータ分析の目的を意識す

べき点や、データサイエンティストの腕の見せ所があります。

　例えば、生年月をそのまま分析に用いることはほとんどなく、多くの場合、30代・40代などの年代に集約するクレンジングを行います。しかし、単純に10才区切りとしてよいのでしょうか。

　行政資料等の場合、10代（10 ～ 19才）、20代（20 ～ 29才）、30代（30 ～ 39才）…と、きちんと10才区切りで示されますので、それと比較するにはそれに合わせたほうがよいでしょう。しかし、マーケティングの世界では10 ～ 17才、18 ～ 29才、30 ～ 39才…という区切りにすることがあります。同じようなタイプが集まるように顧客セグメントを区切るためです。そうすると、18・19才というのは、15 ～ 17才（高校生）と20 ～ 29才（大学生or社会人）のどちらに近いでしょうか。大学生か、就職して社会人になっていることが多い年齢ですので、「20 ～ 29才と同じセグメントにしたほうが、より同じようなタイプに集約できるだろう」というのが、この区切り方の発想です。筆者の経験でも、18・19才は10 ～ 17才よりも20 ～ 29才と同じ傾向を示すことが多いので、この区切りにしたほうが、「同じようなタイプが集まったセグメントにできる」と言えるでしょう。

　このように一見単純作業と思われるクレンジングでも、ちょっとした工夫によって分析の質をより良くできる可能性があります。ぜひ、こういうところにも手を抜かず、データサイエンティストとしての腕を発揮しましょう。

データ取得の設計から入るのがベスト

　ここまでは「どうやってクレンジングするか」について述べてきました。そして、最良なのは、データクレンジングやデータ分析の苦労を知っているデータサイエンティストが、データ取得の段階から、クライアントと一緒に検討を進めることです。

　例えば、人間にテキストを自由入力させると用語の揺らぎが大きくなってしまうので、可能な限り選択式でデータ入力させるようにします（誕生年をプルダウン化すれば、少なくとも1982年を1892年と入力するような誤りはなくなる）。これにより、誤りであり、かつ、使えないデータを減らせます。

　また、分析の目的が「どのようなプロモーションをかければ効果が上がるのかを知りたい」ということだったのにもかかわらず、「どこから当社の商品を知りましたか？」という、分析目的を達する際に大事なポイントとなる設問をアンケートに設けていな

かったりすることがあります。

　アンケートの複数回答では、重要度は低いけれど万人に通ずるような無難な回答が一番多く選ばれてしまい、核心を突かない結果になってしまうことがよくあります。それを防ぐために、複数回答の設問の次には「そのなかで最も重要なのはどれですか」という単一選択の設問を設けるというテクニックがあります。例えば、自治体の市民アンケートで、行政に対する要望を複数回答で選ばせると、「減税」が一番多くなるけれど、「最も重要と考えている要望1つだけ」を問うと、「子育て」が一番多くなったりすることがあります。

　新サービス検討の場合は、「エクストリームユーザの声が重要」という話もあります。つまり、そのジャンルの商品を普段からめちゃくちゃ使っている人、もしくは全く使わない人、どちらにしろ、そのジャンルの商品に対して極端に反応する人の声です。その声を得るには、一般ユーザが答えそうな代表的な回答を選択肢形式で尋ねるだけではダメです。「その他」を選んで自由記述できるようにしておくべきであり、そこに書かれた極端な意見が新サービスの決め手になったりもします。

　このように、データ取得の段階からクライアントと一緒に進めると、より効果的な分析のインプットとなるデータを集めることができます。そのため分析を依頼されたときには、データサイエンティスト目線から以降の分析工程のことも踏まえ、「データ取得の仕組みの検討段階から、一緒に入らせてもらえないか」と打診することに筆者はしています。

データリテラシーの実例

さて、データクレンジングが終わり、いよいよグラフ化して結果を解釈していくわけですが、解釈をする際に間違った判断をしてしまうおそれがあります。数字を扱ううえで注意すべき有名な落とし穴がいくつかあり、データを読む際にそれらを適切に理解して回避する力が必要となります。それが「データリテラシー」と呼ばれる力です。また、この力を高めると、見つけにくい傾向や特徴の導出にもつながります。ビジネストランスレーターは、分析メンバーの出してきた結果が適切かをレビューする責任と、ビジネスサイド（分析の依頼主等）への説明責任があるので、必須スキルの1つと言えるでしょう。

では、具体的にどういうことかユースケースを挙げていきますので、どこが解釈としてマズいかを、レビューする立場になったつもりで考えてみてください。

ケース1： 構成比の分析

図4.2 構成比の分析 before

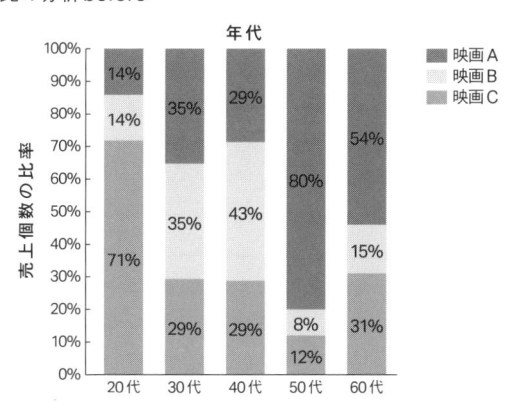

どうやらこの映画Aは「20代に人気」とのことです。本当でしょうか？

図4.3 構成比の分析after

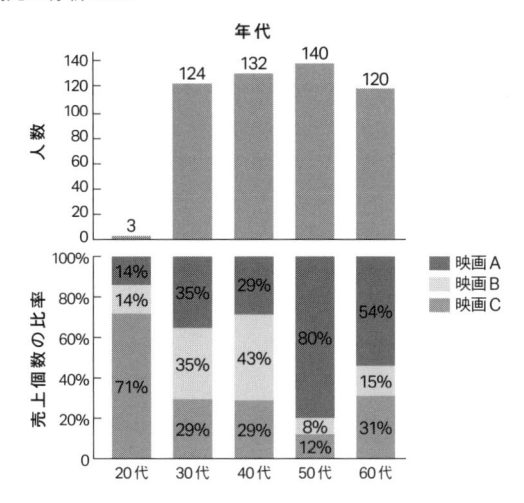

　このように構成比を見るのは有益な分析ですが、その際は必ず絶対数も明記するようにしましょう。比率に着目して分析を進めるにしても絶対数が少ない場合は極端な比率になってしまいますので、偶然の誤差でそうなっている可能性が高いからです。

　ただ、2.1節で、「データ0件で妄想するよりも、データ1件でもいいからそれを根拠に仮説を立てたほうがマシだ」という話をしました。つまり、極端な比率になっているので真実ではない可能性があることは十分に理解しつつ、仮説の根拠には使えなくもないわけです。そういう意味では、絶対数と構成比を併記することで、これらの情報を捨てずに示す（どう解釈するかは見る人の判断に委ねる）ことができるでしょう。

　なお、詐欺とまでは言わないにしても、ちょっと数字を良く見せたいと思ったときに、絶対数か比率か自身に都合のいいほうだけを提示するようなことは、統計の分野では昔からよくあるそうです。「割合が示されたら数字を見ろ、数字を示されたら割合を見ろ」という格言があるそうで、まさにそのとおりですね。

ケース2： アンケート結果データの解釈

図4.4　アンケート結果データ

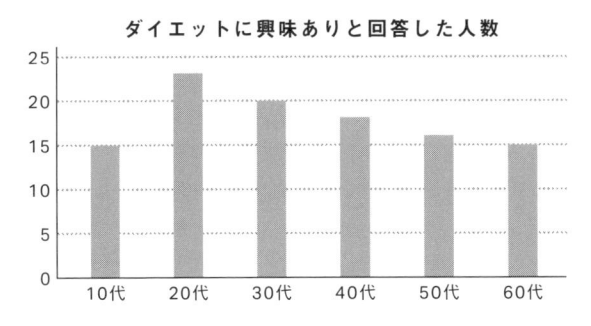

　アンケートデータの結果を見るに、ダイエットに一番興味のある年代は20代のようです。本当でしょうか？

図4.5　アンケート結果データ元の基礎分析1

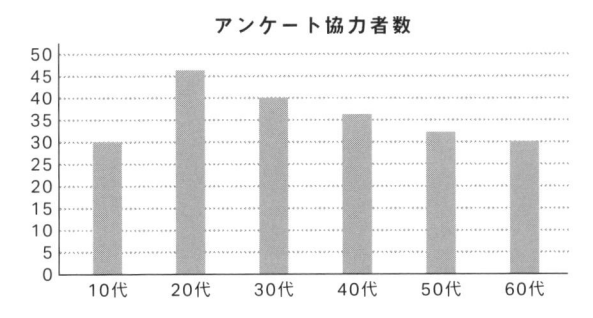

　アンケートのようにサンプリングして収集されたデータの場合には注意が必要です。そもそもの各切り口で人数の違いがあるからです。このグラフも同時に見ると、この解釈は誤っていることが分かります。もともとの構成人数の比率をそのまま示しているだけだからです。一方で、もともとの構成人数が次の図のようになっているのであれば、「ダイエットに一番興味のある年代は20代」という結論は合っていそうですね。

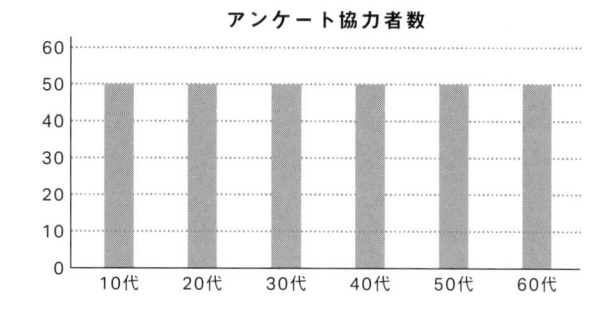

図4.6 アンケート結果データ元の基礎分析2

前章で「基礎分析が非常に重要」と言っていた理由はここにもあります。年代別の
もともとの構成人数のグラフ"だけ"ではたいした知見は得られませんが、このように
解釈する際に参照する必須の情報となってくるからです。

ケース3：インターネット利用率100%

もう1つ、アンケート結果ネタからです。「あなたはインターネットを利用します
か？」という設問に、「利用する」の回答が100%でした。本当でしょうか？

アンケートの場合は、対象は誰なのかという情報にも注意を払う必要があります。
今回の対象者を注意深く調べたら、実はインターネット上で取られたアンケートだっ
たと判明しました。であれば、100%になるのは当たり前ですね。

ただ、これは非常に分かりやすい例ですが、この分母の情報がもっと巧妙に隠され、
本当だと誤解してしまいそうなものは世の中に多々あります。

「合格率95%の資格取得対策講座」はどうでしょうか。分母が100人で、そのうち合
格者が95人という情報です。しかし、この100人とは、ひょっとしたらこの講座を最
後まで修了して、受験までたどり着けた100人かもしれず、実はものすごく厳しい講
座で、途中脱落者が裏で900人いたのかもしれません。受験者を分母にすれば確かに
95%ですが、講座の受講者全員を分母にすると合格率9.5%(=95/1000)となります。

この講座の話はあくまで架空の例ですが、実際に似たような例（社会の闇）はいくつ
も聞いたことがあり、分母の人数をどう定義したのかを確実に押さえたうえで数字を
見る必要があるでしょう。

ケース4： 東京は「うどん県」!?

「うどん好きな都道府県はどこか？」という問いを受けたので、都道府県ごとの1年間のうどん消費量のオープンデータをリサーチした結果、最も消費量が多いのは東京都と判明しました。香川県は「うどん県」を返上する必要がありそうです。本当でしょうか？

この「うどん好きな都道府県はどこか？」の問いをかみ砕くと、「各人が1年間に平均何杯うどんを食べるだろうか」という問いとも言えます。そうです、1人当たりの消費量で見ないと正しい答えにならないのです。人口を加味した「都道府県ごとの1年間の1人当たりのうどん消費量」でリサーチすると、やはり香川県がダントツになりますので、「うどん県」は返上しなくてよさそうです。

このように分析の意図に応じて、適切な割り算をして「○○当たり」にしてから分析すべきケースは多々あります。例えば、「コンビニが多い都道府県はどこですか」という問いに対し、（都会／田舎具合が同程度なら）当然面積の広い都道府県のほうが有利になりそうです。単純に店舗数だけを尋ねる意図ならそれでいいかもしれませんが、配置密度を尋ねる意図であれば、各都道府県の面積で割って「1平方km当たり」で示したほうがよさそうですね。

ケース5： 順調に売上向上?

図4.7　　商品Aの売上 before

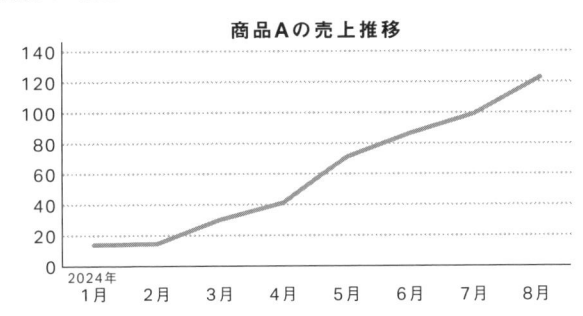

商品Aの売上は順調に向上しているとのことです。本当でしょうか？

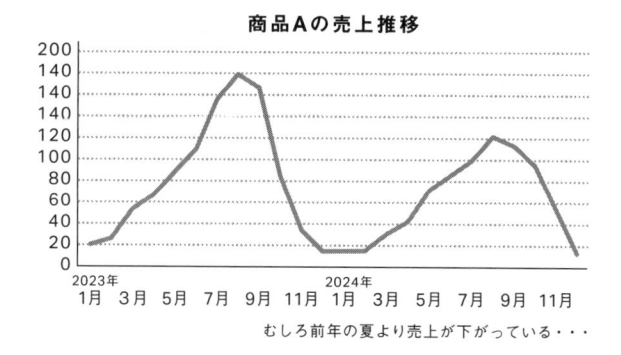

図4.8　商品Ａの売上after

商品Ａの売上推移

```
200
140
140
140
120
100
 80
 60
 40
 20
```
2023年
1月　3月　5月　7月　9月　11月　　1月　3月　5月　7月　9月　11月
2024年

むしろ前年の夏より売上が下がっている・・・

　2年分を見ると、そうではないことがすぐに分かりますね。極端な例を言うと、この商品Ａがアイスだった場合はどうでしょうか。そりゃ冬から夏にかけての部分だけ切り出して見ると、たいていこうなってしまうでしょう。

　BtoC商品の売上にはたいてい季節性があるので、例えばID-POSデータを分析する場合は、必ず最低でも過去2年分のデータを使います。そうすれば季節性を考慮した分析ができますし、前年同月比を見れば、本当に売上が向上しているのかが、季節性に左右されずに判断できるでしょう。

　グラフの横軸に時間が来る場合に関して、もう1つ述べておきます。季節性を考慮するために、2年とは言わずに過去10年分のデータを使うのはどうでしょうか。これはこれで注意が必要です。なぜなら"データ"というものには、それぞれが記録された時の状況が反映されているからです。例えば、5年前には競合商品がなく、2年前から競合商品が出てきたとしたら、5年前の数字を使った予測に意味があるでしょうか。状況が違ってしまったら、過去のデータは使えないかもしれません。

　その最たるものがコロナ禍前後です。人々の生活スタイルや価値観のなかには、コロナ禍以降変わってしまって、もう元に戻らないものもありますので、2020年より以前のデータを使う際にはその点を考慮して採用有無を決める必要があります。「3年以上前のデータはもう使えない」と極論してしまう人もいるくらい、過去すぎるデータの取り扱いには注意が必要です。

ケース6：顧客平均単価

図4.9 あるスーパーの店舗別の顧客平均単価

店舗名	顧客平均単価
店舗A	2,100円
店舗B	2,500円
店舗C	1,900円
店舗D	1,500円

→ このスーパーマーケットチェーン全体の顧客平均単価は、
(2100+2500+1900+1500)/4 = **2000円??**

　小売業の分析を行う場合は、顧客ごとの1回当たりの購入金額の平均値（＝顧客平均単価）を使うことがよくあります。そこで、あるスーパーマーケットチェーンの店舗別の顧客平均単価の情報を入手しました。それを基に、そのスーパー全体の顧客平均単価は2000円と算出しました。本当でしょうか？

　ここでの問題点は、算術平均を使っているところです。もし、各店舗の顧客来店人数が全く同じなら問題ないのですが、普通は店舗ごとの顧客来店人数は異なるはずです。1000人来店の店舗Aの2100円と、200人来店の店舗Bの2500円では、全体への影響度が違いそうだというのは直感的にも分かりますね。これを厳密に計算するのが加重平均です。これを使うと、そのスーパー全体の顧客平均単価は1900円と算出できます。

図4.10 算術平均と加重平均

店舗名	顧客平均単価	来店人数
店舗A	2,100円	1,000人
店舗B	2,500円	200人
店舗C	1,900円	500人
店舗D	1,500円	800人

(2100円×1000人 + 2500円×200人
+ 1900円×500人 + 1500円×800人)/
(1000人+200人+500人+800人)
=**1900円**
と加重平均して求めるのが正しい

ケース7：平均的な顧客像

　さて、あるスーパーの顧客平均単価の続きです。店舗Aの顧客平均単価が2100円と分かったので、あと一品購買を一押しするために、「1回の購入金額が2300円を超えるとポイント2倍」というキャンペーンを行うことになりました。さて、このキャン

ペーンには効果があったでしょうか？

　この施策は、顧客平均単価が2100円、すなわち多くの顧客の1回の購入金額が2100円付近だという想定に立っています。しかし、平均というものには注意が必要です。では、この状態をグラフによって可視化してみましょう。

図4.11　顧客平均単価2100円のグラフ

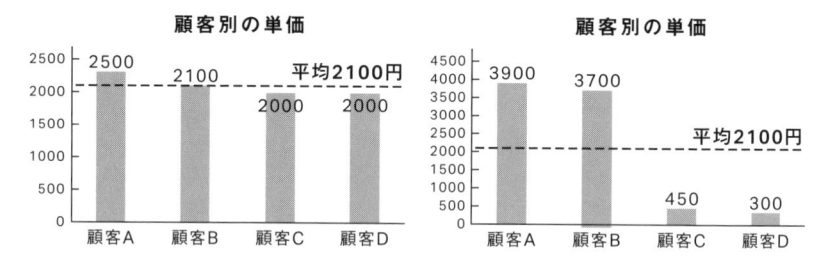

　すると、左側も平均2100円ですが、右側も2100円です。もし、山の形が左側なら、「多くの顧客の1回の購入金額が2100円付近」という想定は正しいので、この施策はあっているでしょう。しかし、山の形が右側なら、500円付近の人は2300円を狙おうと思いませんし、4000円付近の人は、いつもの買い物で勝手にポイント2倍を達成してしまい、購入の底上げにつながりません。

　このように、「"平均的な"顧客像に当てはまる人がほとんど存在しない」という状態があります。平均値や中央値といった値だけでなく、必ず一度は可視化してグラフの山の形を見るようにしましょう。

ケース8：天気予報は誰でもできる!?

　筆者は気象の勉強をしたことはありませんし、占いもできません。しかし、ある気象現象を95%以上の確率で当てることができます。さて、どのようなテクニックを使っているのでしょうか。

　その答えは「明日は、竜巻は発生しない」と"毎日常に"言い続けることです。日本の年間竜巻発生件数は十数件程度だそうですので、何も考えずにこう言い続けるだけでも、95%以上の確率で「竜巻は発生しなかった」という事象を言い当てることになってしまうわけです。

ただし、これは評価として少々不適切ですね。このように単純に分母を365日にして、当たった日数を分子にして算出する指標のことを「正解率」と呼びます。しかし、竜巻発生のような、ごく稀にしか発生しない事象についての予測を評価する際には、これでは不適切なのです。

　このような事態を回避するために、正解率のほかに「適合率」「再現率」「F値」という評価指標があります。竜巻の場合は、「発生する」と予測して、実際は発生しなかったとしても取り越し苦労で済みますが、「発生しない」と予測して発生してしまうと大事になるので、再現率を指標とすべきでしょう。

図4.12　正解率、適合率、再現率、F値

	実際は 発生した	実際は 発生せず
発生すると 予測	真陽性 （TP）	偽陽性 （FP）
発生しないと 予測	偽陰性 （FN）	真陰性 （TN）

正解率　：　すべての予測に対して正しかった割合　$\dfrac{TP+TN}{TP+TN+FP+FN}$

適合率　：　発生すると予測した時に正しかった割合　$\dfrac{TP+TN}{TP+FP}$

再現率　：　実際に発生したなかで発生すると予測できた割合　$\dfrac{TP}{TP+FN}$

F値　：　適合率と再現率の調和平均
（＝適合率と再現率のどちらも重視したい場合）　$\dfrac{2×適合率×再現率}{適合率＋再現率}$

　なお、この例は天気予報の話だけでなく、AI（機械学習）のテーマとしてよくある異常検知にも当てはまります。機械が故障するかどうかの異常検知において、機械は故障しないのがたいていの状態です。したがって、「"正解率"が95％以上のAIモデルを作れ」と言われたとしたら、筆者だったら「今日は故障しない」と常に出力するだけのプログラムを組んじゃおうかな、と思ってしまいます（笑）。

　しかし、これは笑い話ではありません。何度も述べてきたように、メガクラウドには、専門知識がなくても簡単な操作でAIモデルを構築できるようなサービスがあります。ところがこれらのサービスは、どういうデータ分析をやろうとしているのかの"文脈"までは理解していません。そのため、AIモデルを作成する際の指標として、正解率を上げるべきなのか、適合率や再現率を上げるべきなのかは、人間が指定する必要があるのです。

ところがもし、何も考えずにデフォルト設定のままで、「正解率」を上げるようなAIモデルを作ってしまったらどうなるでしょうか（稀な事象のデータを学習インプットとした場合、本当に「今日は故障しない」とほぼ常に出力するだけのAIモデルになっている可能性があります）。

　このように、どんなに便利なサービスが登場したとしても、データリテラシーの考え方は理解しておく必要があるのです。

ケース9：原因と結果

　3.1節で述べましたが、「因果関係と相関関係を混同してはいけない」というのは、データリテラシーの重要な考え方の1つです。そして、これと近しい誤解として、「原因と結果を逆に捉えてしまう」という誤りがあります。

　例えば、たまに見かける街の落書きについて、「治安が悪い（原因）から落書きが増える（結果）」と考えがちです。しかし、出典を忘れてしまったのですが、実は「落書きを残したままにする（原因）から治安が悪くなる（結果）」のではないかという考えの下、落書きをこまめに消していったら治安が良くなったという研究結果を聞いたことがあります。「落書きをしてもお咎めを受けない街だ」と感じさせるから、その街の治安が乱れるという逆の因果関係だというわけです。「直感だけで正しい判断を下すのはなかなか難しそうだ」と感じる話です。

　このような問題の解決策として、本書では説明を省きますが、「因果推論」という手法が使われます。疑わしいものが出てきたときには、「実は因果関係はないのではないか」、「原因と結果が逆なのではないか」といった具合に、因果推論の手法が使えないか検討してみるとよいでしょう。

　なお、相関に関連して1つ挙げておくと、「見せかけ相関」と呼ばれる現象が存在します。裏にある「時間」という因子が原因で、偽相関となる現象です。

　例えば、スマホの普及率は時を追うにつれて伸びてきました。また、生活スタイルの変化により、カーシェアの利用率も時を追うにつれて伸びてきました。では、スマホの普及によってカーシェア利用が増えたのでしょうか。恐らく違うでしょう。しかし、どちらも同時期の時間経過に従って増えているので、相関係数をとると、それなりに正の相関が出てしまいます。すなわち、時間という因子が裏で共通することにより発生してしまう偽相関なのです。時系列に関する分析を行う際は注意しましょう。

書籍紹介コラム

『分析者のためのデータ解釈学入門 データの本質をとらえる技術』

（江崎貴裕著、2020年、ソシム刊）

　分析結果をどう解釈すべきかという点について、よくある躓きに陥っていないかを、データリテラシーの側面から指摘している本です。データリテラシーの話題だけで本1冊になってしまうのですが、それでもまだ「入門」と本のタイトルに銘打っているほど、奥が深いのがこのデータリテラシーです。少なくとも、世間でよく知られた代表的な部分だけでもおさえておかないと、一人前のデータサイエンティストとは言えないでしょう。そういう意味でも必読の一冊です。

4.3

グラフをどう解釈すべきか

解釈は文脈にも人にも依存する

いよいよ、グラフをどう解釈していくのかを本節では見ていきます。この工程で必要なのは、可視化したグラフを見ながら解釈を加え、そしてそこから分かる結論や主張をメッセージアウトすることです。しかし、この工程が非常にやっかいであり、「どんな場合でも、誰が見ても、この解釈にしかならない」という客観的答えの出せる工程にはならないのです。

下のグラフを見てください。「逓減」と言われる形のグラフ状態ですが、これをどう解釈するでしょうか。

図4.13 グラフの意味するところ

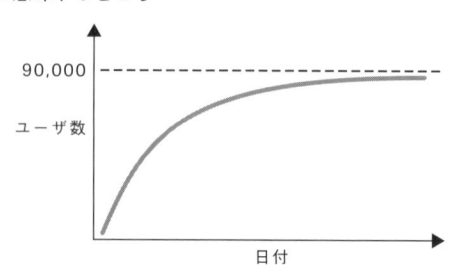

文脈が示されないまま「これを解釈してください」と言われたら、「ユーザ数の伸びが鈍化しているのでマズい」とでも解釈できるでしょうか。サービス不調のグラフということになります。しかし、これにある文脈を示すと話が変わってきます。

「ある非常にニッチなニーズを解決するサービスなので、ユーザ数はせいぜい10万人程度だろうと思っていた。単価が高いサービスなので、5万人以上を維持できていれば

十分に採算がとれる。むしろ、ユーザは減らずに9万人程度を維持できている。」こうなるとこのグラフは一転、非常にサービスが好調であることを示していることになります。

　ここから分かることは、分析にあたっての文脈、すなわち、どういう目的で分析しているかによって、同じグラフでも解釈は全く異なるということです。ここからもグラフの解釈は機械的・客観的に行えるものではないと分かります。

　そしてさらに厄介なのは、全く同じグラフを見ても、人によって解釈が異なる場合があることです。その理由は、人それぞれの人生経験や業務経験、知識・知見などのバックボーンが異なるからです。

　例えば、筆者は子育てに関するアンケートの分析をチームの一員として担当したことがありますが、自身に子育て経験がないので、一般論でしか解釈できませんでした。しかし、他のメンバーからは、実際に子育て経験があるからこその、深い解釈と考察が出てきました。このようなことがあるので、グラフの解釈にはチームで取り組み、チーム外の有識者の意見も聞きながら進めていくべきでしょう。

　そして一番いいのが、当該業務の担当者に途中経過を見せ、ディスカッションすることです。その業務に関する一番の有識者と言えば、その業務の担当者自身であることに間違いはないでしょう。そうしたいわば「ドメイン知識」を持つ人の知見を借りない手はありません。

　有名な例があります。売上絶好調で有名なあるサービスを分析した際に、「売上が絶好調ということは、ヘビーユーザがさぞかし多いだろう」と思っていたら、実はほとんどがライトユーザでした。「これは面白い」ということで、そのことを業務担当者に意気揚々と報告したら、「そんなの当たり前だろう」との反応だったそうです。そして、分析者が気にもかけていなかったグラフのほうが、有識者ならではの知見とうまく結びつき、発見があって面白かったとのことです。

　こうしたことから、筆者のチームが分析を担当する際は、最低でも1回の中間報告、双方の時間が許せば週1程度、途中経過について報告も兼ねてディスカッションする場を、必ず設けるようにしています。分析の依頼者自身も巻き込むことが、実は解釈の精度を上げる重要なテクニックの1つだったりするのです。

　以上のように、グラフの解釈は文脈にも人にも依存するので、機械的・客観的にはできない非常に難しい工程です。それだからこそ、データサイエンティストの腕の見せ所とも言えます。"センス"と"テクニック"の両面が求められますが、多くの分野にある程度共通するテクニックがあり、それは学ぶことができますので、次から述べ

ていきます。

仮説探索型での解釈

ここからは、グラフを解釈する際の共通するテクニックを紹介していきますが、大きく「仮説探索型」か「仮説検証型」かでもちょっと変わってきます。まずは仮説探索型の分析、すなわち課題を見つけたり、機会を見つけたり、物事のメカニズムを解き明かしたりする場合の解釈の仕方について見ていきます。

第3章で述べたとおり、最初に目にするグラフは基礎分析です。そして、特に課題や特殊なメカニズムが働いておらず、差が出ていないときの基本パターンがこちらです。

Column

業務知識があると気付くこと

筆者の個人的な話になりますが、怪談話というものが大好きです。（幽霊が本当にいるのかどうかは知りませんが、フィクション小説のようであり、純粋に面白いのでよく聞いています。）そのなかでも、稲川淳二さんの心霊スポット現地に突撃して調査するという、かつてやっていたテレビシリーズが大好きでよく観ていました。

「女の子の霊を感じる」という霊感（?）に基づいて稲川さんがコメントするシーンもあるのですが、ときどきそういう系統の発言とは異なって、「この部屋の構造はおかしいぞ、こんなところに階段を作るのは普通じゃない」と、建物の構造に話が及ぶことがあります。

怪談師やタレントとして有名な稲川さんですが、本業は今でも工業デザイナーだそうで、それゆえ建築デザインにもある程度知見があるのでしょう。建築デザインの一般的なセオリーに照らして、建物の構造に違和感を覚え、コメントしているわけです。

筆者にはデザインの知見がありませんので、映像に出てくる建物を見ても何も感じませんが、デザインの業務知識がある有識者には、素人には見抜けないところまでしっかりと見えるのです。本文中で「グラフの解釈にはチームで取り組み、チーム外の有識者（特にその業務担当者）の意見も聞きながら進めていくべき」と述べましたが、「有識者が見るとまた違った見方になる、解釈になる」という、ひとつの好例だと思います。

図4.14 特筆すべきことがない場合のグラフパターン

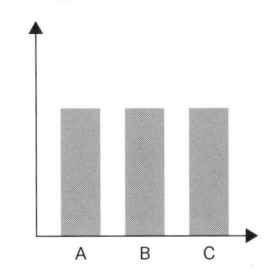

　そして、このパターンから外れて、特徴が見られた時に、何かのメカニズムが働いている、すなわち深掘りして解釈しがいのある、意味のあるグラフだと言えます。何らかのメカニズムが働くと、グラフは本当にこの基本形から崩れるということを示す、分かりやすい例があります。それを実感できる有名な例を1つ紹介しましょう。

図4.15 日本における年ごとの出生人数

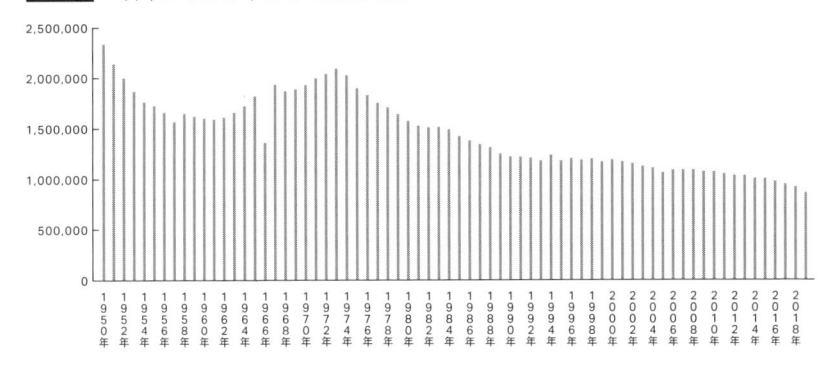

　これは、日本における年ごとの出生人数をグラフ化したものです。ベビーブームで山が2つできていたりはしますが、基本はきれいな山と谷、そして1970年代前半からは"ゆるやかな"減少傾向にあることが分かります。しかし、1カ所だけおかしなところがありますね。1966年です。直近の年と比べて明らかに異なる傾向を示しています。このようなところを「特異点」と呼びます。こういうことが自然に起こることは滅多にありません。何らかの特殊なメカニズムが働いた証拠ですので、非常に分析を深掘りしてみたくなるポイントです。

　ちなみにこの例の答えは、1966年の干支が丙午だからです。最近は12年周期の

十二支くらいしか意識しませんが（しかも年末年始にだけ）、十干十二支と呼ばれる60年周期もあって、その1つが丙午です。そして、その年に生まれた女性は云々という迷信が当時あったために、「この年に子供を産むのはやめよう」というメカニズムが働いた影響なのです。

なお、このような「異常値」を見つける際には、棒グラフのほか、散布図を使うこともあります。他の多くとは明らかに外れた箇所に少数の点が打たれますので、「何か特殊なメカニズムが働いているのかも…」と検出することができます。

このように、何か特筆すべきグラフパターンが現れたときは、必ず何らかのメカニズムが働いている証拠と言えますので、見逃さずにしっかり深掘りの分析をしていきましょう。

・切り口が質的変数の場合

本来は差が出ないのが普通ですが、このように年齢が高いほど割合が上がっていくという、本当にきれいな傾向が出ることが稀にあります。

図4.16 特徴のあるグラフパターン1

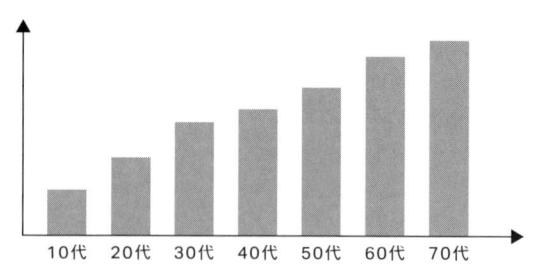

年齢による影響があることが明らかな分析結果です。こういう傾向がきれいに出たときは、分析者として「よっしゃー！」という気分になりますし、年齢を考慮したアクションが可能になります。年配層の不安を取り除く（弱点を克服する戦略）、もしくは若者層を一層強化する（強みをさらに伸ばす戦略）などの具体的な施策を打ち出せるでしょう。

・切り口が量的変数（数が小さい整数、離散値に近い）の場合

サービスの利用回数や店舗への来場回数などは、このような右肩下がりのグラフと

なります。これが基本パターンなのですが、ときどきこの形が崩れ、不自然な形となる場合があります。

図4.17　特徴のあるグラフパターン２

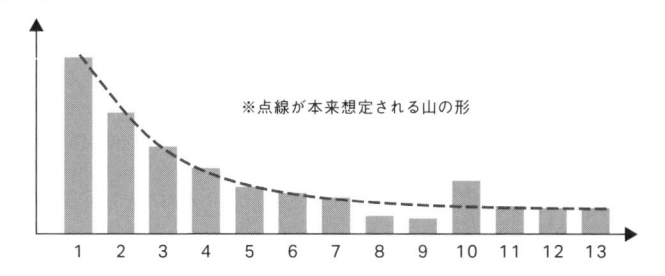

※点線が本来想定される山の形

きれいな右肩下がりの曲線からずれて、10回が想定よりも明らかに多く、8回と9回が少ないグラフです。これも何かしらのメカニズムが働いている証拠と言えるでしょう。実際の分析案件でこのようなグラフを見たことがありました。その際、業務担当者に「10回利用すると特典が出るようなキャンペーンをこの当時やっていたりしましたか？」と尋ねたところ、「なんで分かったんですか？」という反応でした。

このようなグラフが見つかった場合は、1つチャンスを見つけたことになります。少なくともこれと同様のキャンペーンをやれば、また効果が出るだろうという根拠になります（世の中にはいくらキャンペーンをやっても効果が出ないケースは山ほどありますので、効果が出たと分かっただけでも儲けものです）。また、「利用2回分くらいは底上げができるんだ」という定量的な推定も同時にできます。「ユーザの○○％が利用2回分の底上げなので、○○○円のキャンペーン効果があった」と定量的に評価できるので、「いくらまでならこのキャンペーンにコストをかけてもいいだろう」という判断材料にも使えます。解釈とその後の施策に使えそうな、非常に有益なグラフと言えるわけです。

・切り口が量的変数（小数や数が大きい整数、連続値に近い）の場合

自然現象などの小数で表されるものや、購入金額などのように数字が大きく連続値とほぼみなせるようなデータは、「正規分布」と呼ばれるきれいな山形になることが多くあります。

例えば、日本人男性の身長（生物学的な自然現象）別の人数分布をグラフ化すると、

きれいな山型の分布が描かれます。ところが、ときどき山が2つできることがあります。日本人小学生のあるスポーツテストの結果を見てみましょう。

図4.18 特徴のあるグラフパターン3

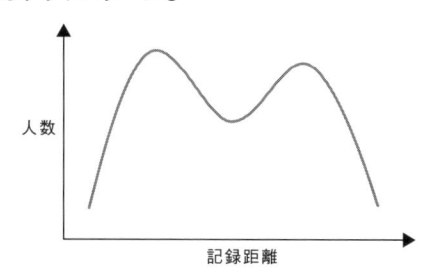

こういう場合は何を意味しているのかというと、「異なるタイプの人やモノが混じっている」という解釈ができます。ちなみにこのグラフの答えはというと、小学生の男女を一緒にしてグラフ化したのでこうなりました。男女の筋肉量の差という生物学的な違いが原因です。異なるタイプが混在していると、このようなグラフになってしまうわけです。ちゃんと男女に分けてグラフを作り直すと、それぞれがきれいな1つの山型になります。このようにタイプ別にきちんと分けて分析することを、分析の専門用語で「層化」と呼びます。

図4.19 特徴のあるグラフパターン3の層化後

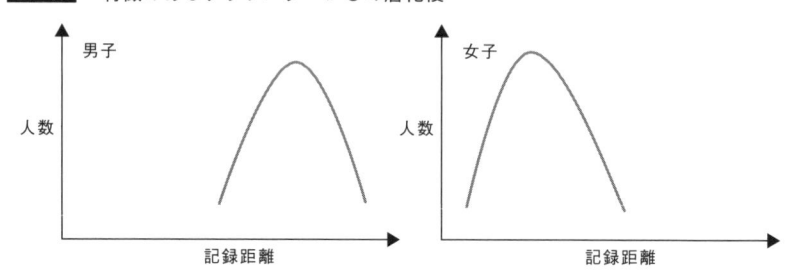

さて、分かりやすい例としてスポーツテストの話を出しましたが、ビジネスシーンでもこのテクニックは使えます。

例えば、太さ5mmのネジを生産する機械の品質管理において、実際に何ミリの太さのネジが作られたかを集計すると、正規分布（山1つ）の形になりそうなものです。

それが崩れて山が2つあった場合には、「実は別々に分析すべき異なる2種類のタイプの機械が混じっているのではないか」と解釈することができます。

　機械が20台あり、創業当初に購入した旧型10台と、その5年後に追加購入した新型10台が混じっていれば、当然、故障に対して異なる傾向を示すでしょう。そして恐らく、別々の予測モデルを組む必要があるでしょう。

図4.20　　特徴のあるグラフパターン4

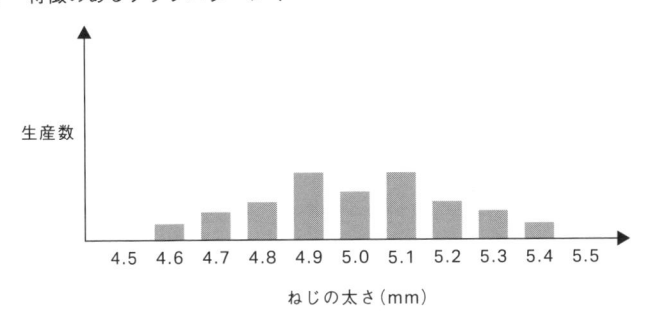

マーケティング分析でも同様です。顧客の来店頻度や購入金額などいろんな角度で見たときに、山が2つできていたら、「自社の顧客にはニーズや特徴の異なる2つの顧客像があるんだろう」と推測できます。ニーズや特徴が異なるのであれば、当然、打ち手も別にしなければなりませんので、きちんと層化して、それぞれ深掘り分析していく必要があるでしょう。

　なお、相関図でもこの層化が必要になる場合があります。相関図というと、「相関有りか無相関か」のものをよく見かけますが、実はこのような相関図が表れることがあります。

図4.21　　特徴のあるグラフパターン5

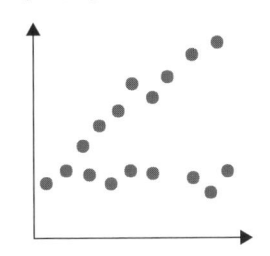

これもタイプの異なるものが混じっており、層化が必要だと解釈できます。例としてはこんなシーンでしょうか。

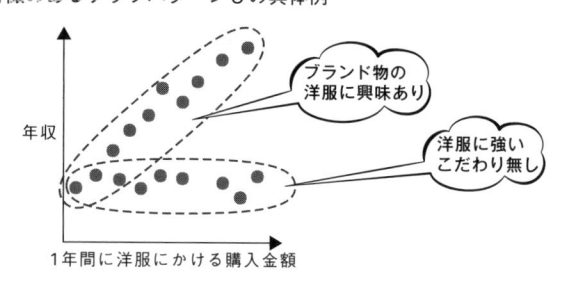

図4.22 特徴のあるグラフパターン5の具体例

縦軸に年収、横軸には洋服にかける年間購入金額を置いて、相関を見たものです。ファッションにこだわりがあり、ブランド物を好む顧客タイプなら、右肩上がりの直線に乗ってきます。一方で、年収が上がっても購入金額は変わらない、すなわち洋服にはあまり強いこだわりはない（ある程度の品質のもので十分）という人ももちろんいるでしょう。後者の顧客タイプだと、横にそのまま伸びる直線に乗ってくるわけです。

相関図でこのような形が見えた場合も、しっかり層化してから、それぞれ深掘り分析をすべきです。洋服に対する価値観が異なれば、当然、打つべき販促策も違ってくるでしょう。

・切り口が時系列の場合

切り口が時系列の場合には、もう1つだけ見るべき観点があります。それは「周期性」です。

人間は季節や時間によって行動が変わることが多いので、毎日同じような波形が出ていたら、「その翌日も同じになるだろう」と予測できますし、2年連続で季節によって同じような波形が出たら、「3年目も同じ傾向になるだろう」と予測できます。予測できれば、それに合わせて何らかの手を打てるわけです。

特に小売業界などでは、この季節による周期性がものすごく強く出ますので、最低でも2年分、理想は3年分のデータを使って分析します。まさに周期性を見つけるためです。

また、周期性を持ちつつも、徐々に伸びているというトレンドも同時に示される場合

があります。「二酸化炭素　経年変化」で検索すればグラフが出てくると思いますが、二酸化炭素は夏に減って冬に増えるという1年周期の周期性があります。この周期性がありつつも、年を追うごとに前年同月比では増加しており、長年の傾向を見ると徐々に増え続けています。周期性とトレンドが合わさるとこのようなグラフになるという、代表的なグラフパターンの例です。

仮説検証型での解釈

　仮説検証型の場合、仮説探索型で見てきたようなテクニックも通用しますが、それとは異なる追加のテクニックがあります。それを見ていきましょう。

　仮説探索型の時には「特筆すべき特徴はない」としましたが、本当にそうでしょうか。このグラフを見てください。

図4.23　特筆すべきポイントはない？？

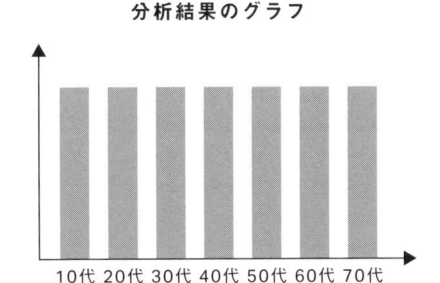

分析結果のグラフ

10代 20代 30代 40代 50代 60代 70代

　仮説検証型では、このようなグラフも意味を持つことがあります。「"比べて差を見る"のが分析の本質だと、散々主張してきたではないか」とクレームを言われそうですが、いえいえ、ちゃんと差を比較しているのです。何と比較しているかというと、業務担当者の頭の中のグラフと比較しているのです。担当者が「この商品は50〜60代をターゲットにしているので、当然ながら50〜60代の売上が高いはずだ」と頭の中で考えているとします。要は可視化されていないだけで、担当者の頭の中には"仮説として"こういうグラフが描かれているのです。

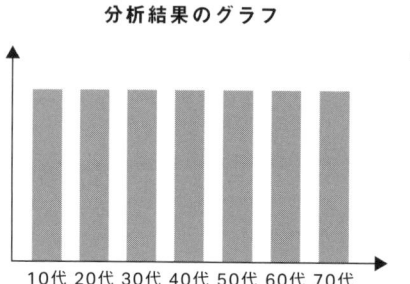

図4.24 担当者の頭の中にだけあるグラフ

分析結果のグラフ 　　　　　　　担当者の頭の中のグラフ

10代 20代 30代 40代 50代 60代 70代　　　10代 20代 30代 40代 50代 60代 70代

　先のグラフ（図4.23）と担当者の頭の中のグラフとの結果を比べたとき、実際は20〜40代にも同程度売れていたわけなので、担当者の仮説を覆す、意外な結果だったということになります。実は戦略の見直しを迫る、重要な分析結果だったと言えます。

　このように仮説検証型では、目の前にある可視化されたグラフ内では差が出ていなかったとしても、どんどん業務担当者に示してください。担当者の頭の中にあるグラフと比較されて、意外な発見につながるかもしれません。

着目すべきポイントのパターンおさらい

　以上、解釈の際に着目すべきグラフの特徴を見てきました。そのキーワードを並べると、次のようになります。

- ・傾向（右肩上がりや右肩下がりなどの斜め）
- ・特異点（周囲の値から極端に大きいまたは小さい、想定曲線からのずれ）
- ・二極化（山2つや相関図の2本の直線）
- ・周期性

　これらの背後では何らかのメカニズムが働いている、課題や機会が隠されていると思われますので、見逃さないようにしましょう。

解釈を誤る最後の砦「認知バイアス」

　解釈のパターンをいくつか見てきましたが、主観的な要素が入る工程なので、そこには落とし穴もあります。この解釈の工程と切っても切れない落とし穴が「認知バイアス」、すなわち（生物学的な）人間の思考の癖や偏りです。

　前節で見たデータリテラシーについては、きちんと学習すれば誰もが確実に落とし穴を回避できますし、レビューする側としても客観的に正しく指摘できる事項でした。しかし、この認知バイアスは、恐らくデータサイエンティストにとって一生付き合っていくもの、うっかりしていると、常にその落とし穴にはまる可能性を秘めているものとなるでしょう。

　ただし、認知バイアスがどういうものかを知っておけば、いくらかは回避できる可能性は高まります。異なる専門領域の話になるので本書では詳細を省きますが、次のコラムで紹介する書籍などで学習してみてください。

書籍紹介コラム

『データ分析に必須の知識・考え方 認知バイアス入門
分析の全工程に発生するバイアス その背景・対処法まで完全網羅』

（山田典一著、2023年、ソシム刊）

　データ分析時における認知バイアスを取り上げた本です。データ分析に長けた人ほど、その落とし穴にはまる可能性があるという、なかなかに衝撃的なメッセージが書かれています。認知バイアスは人間の生物学的本能に起因している現象なので、その影響を除去するのは本当に難しいですが、そういう事象があることを知っているのと知らないのでは大違いです。知っていて、常にそのことに注意する癖を身に付ければ、少しずつ回避できるようになるからです。分析に慣れた人ほど読んでほしい一冊です。

第5章

分析結果を活かす

分析結果以外に
まとめるべきこと

1章でも述べたとおり、データ活用の最終ゴールは日常業務への組み込みです。だとすると、「こんなことが分かりました」という分析結果の報告ももちろん重要ですが、最終ゴールを見据えて、それ以外のことも併せて伝えるべきです。では、具体的にどんな点を伝えるべきかを述べていきます。

（1）ユースケース

データ活用において大事な点の1つは、分析結果があるだけでは何の役にも立たないということです。分析結果は何らかの業務に生かして初めて効果が生まれます。ですので、「分析結果をどう業務に生かせるのか」を示すユースケースが大事となってきます。

分析に慣れてくると、その分析結果はどういう業務に適用できそうかが一緒に思い付くようになります。しかし、分析報告を受ける側は分析のプロではないこともありますので、のちのち聞いてみると、分析結果をどう実業務へ適用すればよいのかが実はうまく結び付いておらず、業務に生かせていなかったというケースが往々にしてあります。したがって、そのグラフや結果は、業務ではどのように使えるのか、どのような意思決定を行う際の助けになるのかといったユースケースも、併せて伝えることが重要です。

何度かユースケースを示しながら分析報告を行っていると、クライアント側もこの結び付けができるようになってきますが、最初のうちは「いちいち言わなくても自明だろう」と一見思われるようなところまで丁寧に説明するとよいでしょう。

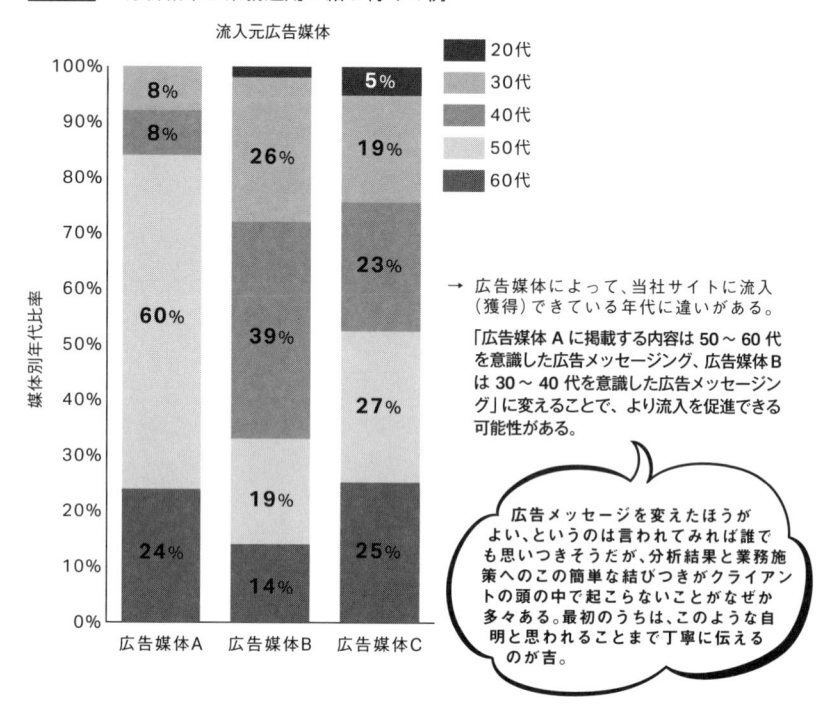

図5.1 分析結果と業務適用の結び付けの例

逆にいえば、どんなユースケースがあるか思い付かないようなグラフは、報告しても実業務で活用できない可能性があるということです。ですので、その結果のグラフを使うとどんな考察ができ、どんな意思決定ができるかという点を意識しながら分析を進めると、「結局何が言いたかったんだ？」という分析報告になってしまうのを回避できるでしょう。

（2）システム構築見積り

日常業務にデータ活用を組み込もうとすると、何らかのシステム化が必要となってきます。しかし、当然ながらシステムはタダでは作れませんので、データが定期的に更新される可視化の仕組みや、その機械学習モデルを実運用するためのシステムを作るには、どのくらいのコストがかかるのか見積りが必要となってきます。システム構築の見積りにはIT業界特有の知見も必要ですので、データサイエンティストがシステム

エンジニアの協力を得ながら算出するのがよいでしょう。

　また、見積りを行うには、分析によって見いだした活用ユースケースを踏まえて、システム構築の目的や"要件"を明確に伝えなくてはなりません。あらかじめそれらの要件をとりまとめて、見積りの協力者に示せるようにしておく必要があります。要件の整理や見積りではどのような作業が行われるのかを（自身は作業をしないにしても）知っておくと、協力者とのコミュニケーションがスムーズに進むでしょう。

　ちなみに「見積り」というと、初期構築の分だけを見積ってしまうという落とし穴によくハマりますが、システムが稼働を開始してからの安定稼働させる運用保守もお忘れなきよう。

　なお、この見積りの作業はかなり手間がかかりますので、分析結果の報告と同時でなくても構いません。ただし、少なくとも前述のユースケースを示し、どれがクライアントに刺さったかを見極めた後は、次に進むためにそのユースケースをシステム化するのにかかるコストの見積りが必ず発生するので、意識しておくとよいでしょう。

（3）効果試算

　見積りと同時に必要なのが「効果試算」です。例えば、ある機械学習モデルのシステム化に1000万円かかるとして、年間10万円しか売上が上がらないのであれば、そのような構築プロジェクトは行わないほうがよいでしょう。また、そういう採算を見極める目的だけでなく、データ活用をシステム化に向けた次のステップに進めるためにも、効果試算は必要となってきます。

　分析の際に基礎的な数値をひととおり押さえておけば、例えば以下のような効果試算が可能となってきます。

- 過去1年間のアクティブ顧客数：約14万人
- 施策を実施せずとも自然にプレミアサービスにスイッチした顧客：全体の2%
- 何らかの施策を実施する効果：プレミアサービスにスイッチする顧客が2%から3%へと1%増える（14万人×1% ＝ 1400人増）
- その1400人の通常サービスとの差額（月額500円）が12カ月継続された場合：
  1400人 × 500円 × 12カ月 ＝ 840万円
  ⇒年間で 約840万円 の売上アップが見込める

「何らかの施策を実施すれば、スイッチする顧客が2%から3%へと増える」という部分など、一部には仮定が入ってはいますが、それでも全く効果を示さないよりも断然マシです。プレミアサービスにスイッチさせる部分に施策を打つためのシステム構築の見積りが1000万円（※話を分かりやすくするためにそれ以外のコストは一旦無視します）とだけ言われても、そこに予算を投下してよいのかの判断に困りますが、このように効果試算を一緒に見ることで、前述の例なら「1年ちょっとでペイするので進めるべき取り組みだ」と判断できるようになるわけです（注：ペイするようにコスト側をコントロールするという視点も同時に重要です。オーバースペックな分析手法や施策を避ける、取り組みやすいところから段階的に始める、など）。

　仮に「2%から3%」の部分が「2%から2.7%」へと、思ったよりも効果が出なくても、「約2年でペイするな」というシミュレーションができます。ここで、分析プロジェクトのPoCの一環として、「機械学習モデルを使ったレコメンデーションによって2%から3%になりそうだ」という検証結果が出ていれば、この試算の根拠をさらに強化できるでしょう。

　結局のところ、「データ活用を進めたい」と言いつつそれがなかなか進まないのは、この効果試算ができないからです。一般的な仕事の仕方として、見込める効果を示したうえで予算を上申するわけですから、効果を算出できないデータ活用プロジェクトでは何も始まりません。効果が全くの未知数では説明責任を果たしておらず、上申が通らないのは当然です。

　しかし、基礎分析をやっておけば、前述のとおり試算ができ、それを根拠に上申が可能となります。このように、のちのちの試算に使うことを念頭に置き、分析の最初の段階で、基礎的な数値をひととおりまとめておくことを意識的にやっておきましょう。

　なお、「コンサル会社はこの試算効果を算出する部分が本当にうまいな」と筆者は常々感じています。彼らは大量データの定量的な分析はあまりやりませんが、インターネットに公開されてる統計資料やアンケート結果を、少ない情報ながらもうまく使いこなし、仮定などを置きつつも、最後には「この取り組みをやったときの試算効果はこのくらいになります」という数字を必ず出してきます。その数字がないと上申が通らず、プロジェクトが次に進まないことをよく知っているからです。逆に言えば、大量データの分析により、前述のような確度も高いもっと詳細な試算効果を出せることが、分析のメリットの一つと言えるでしょう。

『ソフトウェア見積り　人月の暗黙知を解き明かす』

（スティーブ・マコネル著、溝口真理子、田沢恵訳、日経BP刊）

データサイエンスというよりはシステム開発の本ですが、古典的名著なので紹介します。

データ活用のためには、定常的にグラフ（ダッシュボード）を参照できるシステムや機械学習システムを開発していくことになります。その開発プロジェクトの開始前に必要となる作業が見積りです。すなわち、そのシステムを完成させ、維持（運用保守）していくために、どのくらいの作業量（人月工数[1]）と期間、その他費用（クラウド利用料やハード／ソフトのライセンス費用、設備費など）を算出し、それを金額に換算します。そしてこの見積りをベースに予算を確保して、プロジェクトが開始します。

しかし、家を建てるのと違って、システム開発の場合はプログラミングや動作テストなど、目に見えないものを扱いますので、作業量の見積りは困難を極めます。そして、少なく見積ってしまったせいで、プロジェクトの途中で予算が不足するという事態がしばしば発生します。

機械学習システムの開発や運用保守も、（今お読みの本書5.3節で後述のとおり、AIが組み込まれることによる独特の留意点はありますが）本筋は通常のITシステムと変わりません。ですので、ITシステムの見積りの一般論や注意ポイントを参考にして、見積りに細心の注意を払わないと悲劇に陥ります（例えば、新システムの導入によって既存システムの操作方法が変わる可能性があるが、その操作マニュアルの作成タスクも見積りに含めたか？など）。

筆者はこの本に出会ってから、見積りを極端に間違えたり、見積りの甘さで苦労したりするようなことはほとんどなくなりました。もし、この本を手にしていなかったらと思うと、今でもゾッとします。一般的なIT業界本・技術本の価格よりは少しお高いですが、お値段以上の価値があります。システム開発において、見積りミスによって苦労する人がこれ以上出ないよう、ぜひ紹介しておきたい一冊でした。

---

[1]　1人の開発者が1カ月間（営業日）に行う作業量を「1人月」という単位で表します。

分析報告の伝え方

基本的な報告のポイント

　データ分析には、分析結果の内容やグラフが大量に登場します。ただ、せっかく分析したからと、それらのグラフ1つ1つを淡々と報告していたのでは、相手の心に響くようには伝わりません。ビジネスとしてデータ分析をやっているのですから、ただ結果を報告するだけではダメで、「先方のキーマンに、次工程も依頼しようとジャッジしてもらう」、それがまずは報告の一番の目的です。ほかにもいくつか副次的な目的がありますが、これらの目的を意識して作成するのとしないのでは大違いです。ということで、報告書作成の目的をいくつか挙げると以下のようになります。

・**先方のキーマンに、次工程に進むことを意思決定してもらう**

— 直属の上司などキーマンには報告会に参加してもらえる可能性が高いが、さらにその上の役職者や、巻き込むべき他の部署のキーマンには、報告書ベースで話が伝達される。

・**今後の工程のベースラインとなるドキュメントになる**

— システム開発が始まると、このプロジェクトの当初の目的や数あるユースケースのなかから「なぜこの施策を選んだのか」の経緯を忘れがちとなるが、それを振り返ることができる。

— 分析フェーズには参画していなかった途中参加の開発メンバーも、報告書を読むだけで過去の経緯が分かる。

- **分析者自身の頭の整理となる**

  ― 報告書をまとめる際には言語化が必要となるが、これによって分析者自身の頭も整理される。その結果、「こういう観点でも分析の深掘りができるのでは」というのがさらに思い付きやすくなり、結果として分析品質が上がる。

また、（データ分析に限りませんが、）報告書を書くうえで、以下の点に留意する必要もあるでしょう。

- **結論（主張）を明確にする**

  例：データ分析の結果、○○○が判明した。ここの部分に改善施策を導入すると××××円の効果（試算）が見込める。

- **誰（どういう立場の人）が見るのか、その人は何を知りたいのかを想定して、報告書の内容を考える**

  同じクライアントのなかにも、詳細な分析手法まで知りたい人、自身の業務がどう改善されるのか知りたい人、ビジネス上の効果だけ知りたい人など様々な要求があります。章を分けるなどして、どこを読めばよいかがすぐに判るようにしておくとよいでしょう。

記事紹介コラム

『伝わる資料の作り方7Step』

（ケンブリッジ・テクノロジー・パートナーズ）

```
https://www.youtube.com/watch?v=auzDuxj8sFY
https://www.youtube.com/watch?v=WjZ_WzPtT-g
```

本書の主旨は資料作成のノウハウを伝えることではありませんので、そのための学習コンテンツの紹介にとどめます。

資料作成のノウハウについていろんな本を読んでいると、人によって伝え方こそ様々ですが、「どれも同じようなことを言っているな」と、共通項が見えてきます。つまり、そこにセオリーがあるということです。

ですので、どれを紹介してもよいのですが、筆者自身が所属するグループ企業でも関連するコンテンツを出していますので、それを紹介したいと思います。

データ分析の報告に限らず、筆者がプレゼンやセミナーを行うときに今でも意識している7ステップです。ビジネス力強化の一環としても有意義でしょう。

・結論を導くのに不要となったグラフは思い切って捨てる

　分かりやすい資料やプレゼンのテクニックとして、思い切って「捨てる」ことだとよく言われますが、これは重要な観点です。「せっかく作ったのに惜しい」という気持ちもわかりますが、クライアント側の立場からは、気づきや施策につながらないレポートには何の興味も持てません。

<u>ストーリーテリング</u>

　さて、報告書の基本的な留意点を挙げてきましたが、もう少し深いテクニックを見ていきましょう。

　何度も述べてきたとおり、分析結果にはとにかく大量のグラフが登場します。クライアント側にはグラフの意味を何とか理解してもらう必要があるわけですが、そのための方法の1つがストーリーテリングです。なぜなら、人間の脳の仕組みに根差したテクニックだからです。

　文字のない太古において、何らかの情報を伝達するときに、1つ1つの事実を淡々と話すのではなく、ストーリー化（構造化や因果関係を物語の形式で表す）して伝えることを習得したのです。また、話を聞く側も、ストーリー化された話を記憶にとどめやすいように、脳が進化していきました。このような人間の元来持つ仕組みを使わない手はないわけです。

　では、分析結果をストーリーテリングする具体例を見ていきましょう。次の図の上段と下段ではそれぞれ全く同じグラフを使っていますが、どちらが理解しやすいでしょうか。説得力があると感じるでしょうか。

図5.2 ストーリーテリング前後の比較

ストーリーテリング意識前の分析結果構成

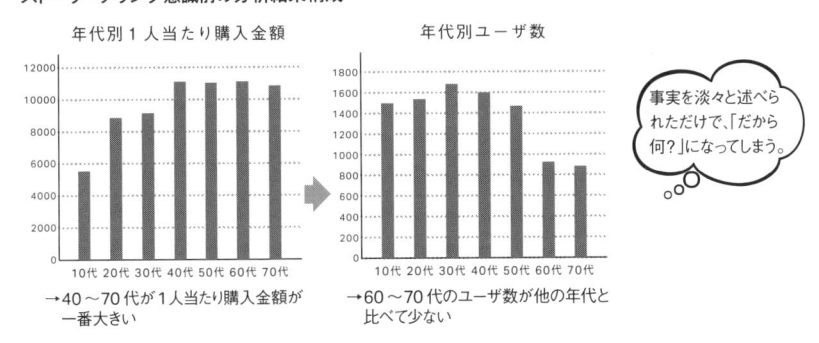

→40～70代が1人当たり購入金額が一番大きい

→60～70代のユーザ数が他の年代と比べて少ない

事実を淡々と述べられただけで、「だから何?」になってしまう。

ストーリーテリング意識後の分析結果構成

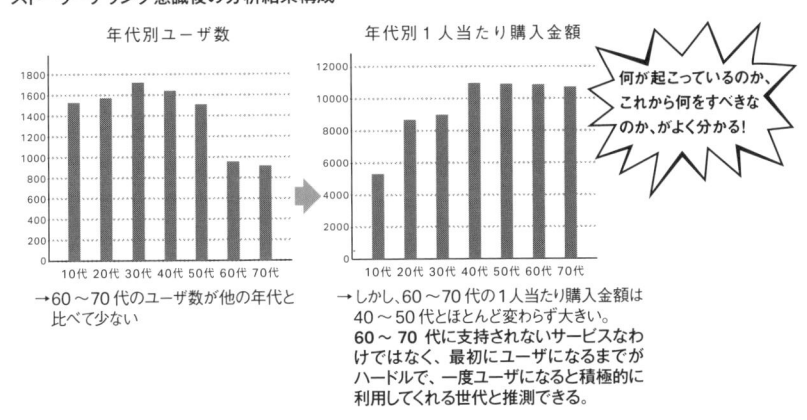

→60～70代のユーザ数が他の年代と比べて少ない

→しかし、60～70代の1人当たり購入金額は40～50代とほとんど変わらず大きい。
60～70代に支持されないサービスなわけではなく、最初にユーザになるまでがハードルで、一度ユーザになると積極的に利用してくれる世代と推測できる。

何が起こっているのか、これから何をすべきなのか、がよく分かる!

　このようにグラフの順番を整理して、それがつながるようにストーリー化して報告すれば、見え方や面白さが全然違ってきます。ぜひ、ストーリーを作って報告するように心がけましょう。

断片をつないで全体像を推測する

　ストーリーテリングの派生テクニックを1つ紹介しましょう。「アタック25」というTVクイズ番組があったのをご存じでしょうか。5×5の計25枚のパネルから、正解に応じて自身の色で陣取りしていくのですが、最後の海外旅行獲得をかけた問題では、自身が獲得したパネルの箇所だけに映像が流れます。一部だけ開いているその映

像から、何が写っているのかを当てるのです。当然、少しでも多くのパネルが開いているほうが当てやすくなります。空いているパネルが少ないと、少ない情報から何とか推測して解答しなければならず、正解するのは難しくなります。

図5.3　アタック25の最終問題

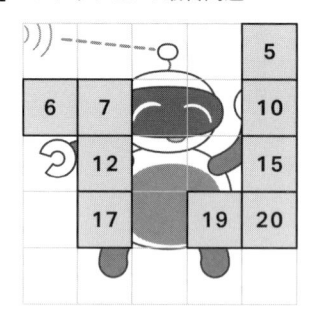

全部は見えていないが、空いているパネルが
多いので、恐らくロボットだと推測できる。

　データ分析もこれと同じだと思います。例えば、ある人物像を理解したいときに、その人のすべての情報を得ることはもちろんできません。しかし、断片でもいいので、できる限り数多く情報を集めることで、その人物像をある程度推測できるようになってきます。

図5.4　人物像の推測

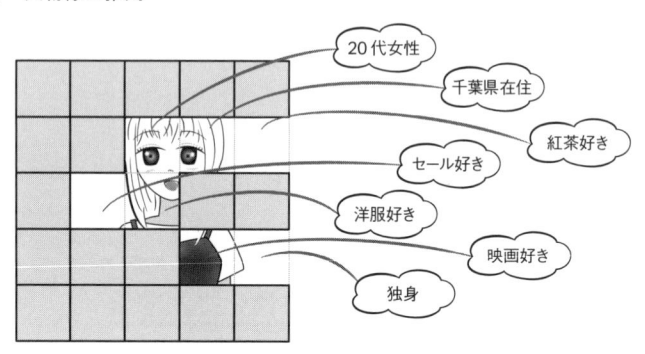

↑ ここまで断片が集まってくると、休日は映画館付きの
大型ショッピングセンターで買い物を楽しんでそう、と
なんとなくこの人物のイメージがだんだん沸いてくる。

　データ分析は結局この作業です。全体像を推測するために、情報の断片をできる限

り多く集めて、分析対象の実像や、背後に働くメカニズムに関して、精度の高い推測を行っていくわけです。したがって、報告の仕方も、「こういう情報が見つかった⇒ほかにもこれとこれという情報が見つかった⇒これらの情報を総合的に解釈すると、こういう結論が推測される」というストーリーを組み立てて報告すると、一気にクライアント側の理解も深まりますし、納得性も高まります。ぜひ、報告書構成のテクニックとして取り入れてみてください。

書籍紹介コラム

『Google流資料作成術』

（コール・ヌッスバウマー・ナフリック著、村井瑞枝訳、日本実業出版社刊）

　本節で述べたように、データ分析の結果や大量のグラフについて、淡々と報告していたのでは相手の心に響きません。然るに報告の狙いは、「先方のキーマンに次工程の依頼をジャッジしてもらうこと」です。

　その報告書の作成について、ビジュアル化やデザインの観点で語る本はよくあります。しかし、見た目をきれいにできるというだけで、ビジネスに直結しない内容の本が多いのも事実です。

　その点この本では、「データからストーリーを語る」をキーワードに、相手の心に訴える（すなわちキーマンにジャッジしてもらう）のに効果的な報告書のビジュアライゼーション、そしてストーリー構成という観点で書かれているところが、他と一線を画しており、この本のいいところです。筆者が報告書を書く際にも常に参考にしていますし、データサイエンスプロジェクトに限らず、通常のプレゼンや報告の参考にもなるオススメの一冊です。

5.3

業務への組み込み

日常業務への組み込みに向けた今後の流れ

分析結果の業務への組み込みは、1章で紹介したDS協会が提示しているタスクリストのPhase4に当たるプロセスです。

図5.5 業務への組み込み

https://www.ipa.go.jp/jinzai/skill-standard/plus-it-ui/itssplus/data_science.html

■「データサイエンス」タスク(中分類)構造図

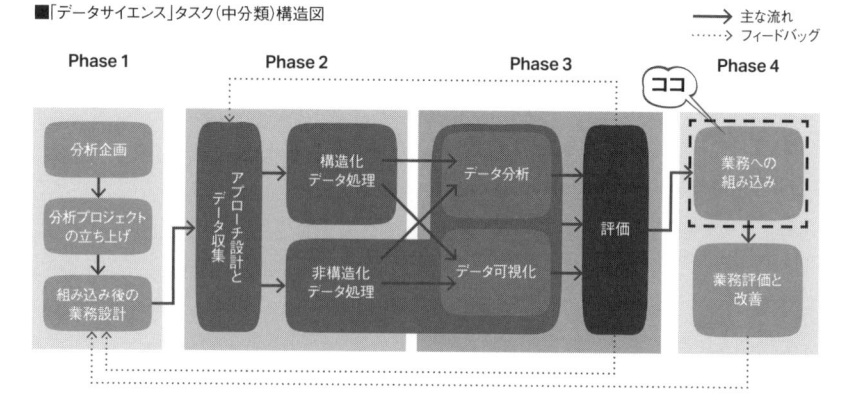

ただ、ここまで来てしまうと、データ活用というよりは通常のITシステム開発のフローとなってきます。したがってここからは、この分野のプロであるITベンダーや社内SEと協力して行うのがよいでしょう。その理由は後で述べます。ただし、通常のITシステム開発とはちょっと異なるAIシステム特有の注意点がありますので、そこはしっかり理解して、システム開発のプロにも留意事項として伝える必要があります。

AIシステム特有の注意事項

　では、一般的なITシステム開発・運用保守の注意事項については他書に譲るとして、AIシステム特有の注意事項を述べていきます。

　繰り返しになりますが、「精度の高い、よいモデルが作れた！」がゴールではありません。そして、以下に挙げる仕組みや機能を、開発タスクとしてあらかじめ盛り込んでおかなければなりません。さもないと、のちのち必要だと判明して作ろうとしても、当初の見積りに含まれていませんので、コストオーバーにつながります。必ずこれらを考慮したシステム設計をしておきましょう。

・精度と処理時間を定期的に監視する仕組み

　モデルの精度や処理時間を定期的にウォッチする機能と運用が必要です。モデルの精度はたいてい下がってくるものですし、「明日の予測をしたい」というときに処理時間が25時間かかってしまうようでは使い物になりません。

・モデルの更新

　定期的にモデルの自動再学習を行うか、もしくは、担当者が精度を確認して、あらかじめ決めた閾値を下回ったら手動で再学習できる仕組みが必要です。世の中には例えば売れ筋のトレンドといったようなものがあり、定期的に再学習しないと精度が下がっていくのが一般的なAIモデルです。

・少量データへの対応（新製品の発売時など）

　ときには、学習データを十分に確保できないケースが発生します。それに備えて、データが蓄積されるまでのあいだ、類似商品での予測モデルを代替として使う、もしくは、その商品だけは人手で対応するなど、あらかじめ対応の仕方を決めておく必要があります。

・異常値への対応

　システムを運用していると、様々な原因で異常な数値が混ざり込むことが往々にしてあります。そのような際に、異常値を信じて予測してしまうことがないように、防止措置を講じておく必要があります。例えば、予測処理をする前に、あらかじめ定めた

正常値の範囲を逸脱した場合にアラートを出したり、もしくは、予測結果を見る際に、AIによる予測結果をそのまま使うか、人手の予測に切り替えるかを人が確認して判断する機能を設けておいたりするなどです。

・レアケースへの対応

台風の接近など、通常の予測結果が明らかに適合しない事態に備えて、人手による予測が介入できる仕組みを設けておくなどします。

・モデルのアップデートと世代管理

再学習したモデルに"容易に"アップデート（専門用語で「デプロイ」と呼びます）できる仕組みが必要です。また、アップデートしたモデルがうまく機能していない場合には直前のモデルに切り戻しする必要があるので、過去のモデルもどこかに保持しておく世代管理の仕組みも必要となります。

なお、AIシステムにどんな仕組みが必要かについては、ベストプラクティスがある程度できつつあります。また、自分で作り込まなくても、クラウドサービスなどでこれらの仕組みを簡単に実現できる機能が提供されていますので、それらを使うのも最善の一手です。ただし、AIシステムにはどういった仕組みを具備しておく必要があるのかをそもそも理解していないと、そのようなクラウドサービスを使おうという発想にすら行きつかないので、何が必要かの概念はしっかり学んでおきましょう。

基幹系か情報系か

分析結果やAIの業務実装は、あくまで既存の業務フローの代替もしくは意思決定の強化・支援が最終ゴールですので、システムの部分だけを考えていてはダメで、システム以外の周辺の業務部分も考慮する必要があります。

システムの分類には「基幹系か情報系か」という分け方があります。そのシステムが止まってしまうと業務も止まってしまい影響大となるのが「基幹系システム」と呼ばれ、他方、業務の役には立つけれど最悪そのシステムが止まってしまっても業務が止まることはないのが「情報系システム」と呼ばれます。

例えば、メーカーの工場で、原材料の仕入れ注文を行うシステムが止まってしまっ

たら、生産ができなくなり業務が停止してしまいますので、これは基幹系システムと呼ばれます。一方で、直近の需要を予測して日々の生産量についての意思決定を支援する需要予測システムであれば、万一止まってしまっても代わりに人間が需要を予測して後工程に引き継げば生産活動自体は続けることができ、生産業務は止まらないので、情報系システムです[1]。

　システムは何らかのトラブルで止まることが往々にしてありますので、できる限り他にその影響が及ばない（もしくはシステムでの代替処理や人手でのオペレーションも視野に入れた代替手段を使って影響を回避したり軽減したりできる）ように、システム周辺の業務フローも含めて設計しておくこと（コンティンジェンシープランとも呼ばれます）、すなわち、可能な限り情報系システムとして設計することが重要です。通常のITシステムでは基幹系とならざるを得ないことが多々ありますが、AIシステムのほとんどは、うまく設計すれば情報系にできるので、重要な心得の1つとしてここで述べておきました。

とは言いつつもベースはやはりシステム開発

　さて、AIシステム特有の部分を見てきましたが、「やはりベースはシステム開発だな」と感じることがあります。AIシステムの成功例がニュースになる一方、失敗例も少ないながら専門誌には取り上げられています。そのような失敗事例を眺めていると、従来のITシステム開発でよく聞かれる失敗事例と同じ原因が散見されるのに気づきます。

失敗事例1：コスト削減という経営者視点のみで開発し、現場担当者の視点を欠いたため、AIによる予測が外れた場合の業務オペレーションを定義していなかった（常にAIの予測結果を使うよう全自動化していた）。そのため、AIによる予測が外れた場合のリカバリが利かず、「現場では使えない」と判断されてシステム撤退となった。

→ （原因）ステークホルダの巻き込み不足、業務フローの理解不足

---

*1　同様のことは、ECサイトのレコメンド機能にも当てはまります。レコメンドを司るAIモデルが何らかのトラブルで止まってしまった際に、ECサイト全体がエラーになって販売業務が止まってしまうようでは、Webサイトの設計としてマズいわけです。AIモデルが止まった際に、レコメンド部分は表示されなくなっても、商品の購入自体は通常どおり続けられるようにしておけば、最悪の事態は回避できます。

失敗事例2：AIによる自動発注システムにおいて、PoCで十分な精度が出たため本開発に入ったが、新商品発売の際（学習データがほとんどないので高い精度の予測ができない）の仕組みなどが入っておらず、要件漏れによる仕様追加（すなわち想定外のコスト増額）が多発。

→（原因）業務の理解不足による想定外パターンの多発

これらの原因は、従来のITシステム開発でもよく聞く話です。そして、その道のプロは、これらのアンチパターンを回避するために様々なノウハウを持ち合わせています。「その分野のプロの協力を仰ごう」と本節の冒頭で述べたのはこういう理由からです。

なお、AIベンチャーの講演を聴いていると、「ビジネス構想やAIモデル作成まではうまくいったものの、その構想を実現するために、本格的なシステム開発や運用保守に入った瞬間に失敗が多発した」という課題が共通して聞かれます。こういうことからも、「データサイエンティストのみで進めるフェーズではないな」と改めて感じます[2]。

---

[2] なお、役割上その部分も担う必要がある方や、その辺りの分野にも興味がある方は、他のセオリーシリーズ（『システム設計のセオリー』や『運用設計のセオリー』等リックテレコム刊）などを参照してください。

222

書籍紹介コラム

『仕事ではじめる機械学習』

（有賀康顕、中山心太、西林孝 著、オライリージャパン刊）

　機械学習の本というと、機械学習モデルの作成方法や、試行錯誤してモデルの精度を高める方法などを主に記載したものがほとんどです。しかし、この本は「仕事ではじめる」と銘打っているとおり、実際の業務において機械学習システムの開発や運用保守をどのように行っていくかという視点も入っています。例えば、バッチ処理とするかリアルタイム処理とするか、ログ出力処理をどうするか（システム運用で非常に重要!）といった内容です。

　当書では主にビジネス力をメインとするデータサイエンティストについて述べてきましたが、そのようなデータサイエンティストがデータエンジニアリング力をメインとするデータサイエンティストと会話する際の橋わたし（＝両タイプのデータサイエンティスト間の相互理解、話が通じるようになる）となる良書です。

　なお、個人的には、紹介書籍第8章にある「生データの肌感覚があるのとないのとでは、分析効率が全く違います」付近のメッセージに非常に共感しますし、大好きです。

書籍紹介コラム

『企業ITに人工知能を生かす AIシステム構築実践ノウハウ』

（アビームコンサルティング著、日経BP刊）

　『日経SYSTEMS』（休刊中）に載っていた全6回の連載を1冊にまとめたものです。内容は教科書的な要素が強いのですが、AI（機械学習）システムの運用保守まで書いた本は少ないので、この本でまずは基礎を網羅的に押さえるのは

有益でしょう。

　特にAIシステム構築のプロセスが体系的に示されているので、「機械学習モデルを作った後に、プロジェクトはどういう流れになっていくんだろうか」という頭の整理をするには最適です。

付録A　PDF資料

ギックス社との座談会

「データ活用とデータサイエンティストの
あり方をめぐって」

　本書の筆者（河合・横田）が所属企業から出向き、OJTの形でデータサイエンティストとして1年間修業を積んだのが株式会社ギックスです。データサイエンティストにおける「ビジネス力」の重要さに気づくきっかけにもなった期間でした。本書の執筆にあたって、当時お世話になったギックスの山田洋さん（執行役員／ Data-Informed 事業副本部長 兼 ゾクセイ研究所所長）とカー祥恩さん（Director ／ DI変革 Division）と対談を行い、本書のテーマに関する深い議論を交わすことができました。本書の付属資料としてPDFをご用意しましたので、ぜひご一読ください。

　本書の読者は、「付録A」全文記事のPDFを、下記のURLから直接ダウンロードすることができます。

```
https://www.ric.co.jp/pdfs/contents/pdfs/1439_appendix-a.pdf
```

ギックス社のプロフィール

　戦略コンサルタントとアナリティクス専門家によって立ち上げられた "データインフォームド" 推進企業。アナリティクスを活用し、あらゆる判断をデータに基づいて行えるように支援することで、クライアント企業の経営課題解決の実現を目指している。

付録B DS協会スキルチェックリストと本書の対応表

　DS協会（データサイエンティスト協会）のスキルチェックリスト（「ビジネス力」のパートのみ、2025年1月の執筆時点での最新版であるver.5）と、本書での記載箇所とのマッピングを示しました。学習の参考にしてください。

※ スキルチェックリストの出典：『データサイエンティスト スキルチェックリスト ver.5』
　 https://www.datascientist.or.jp/news/n-pressrelease/post-1757/

▼ 他分野寄りのスキル

NO	SubNo	スキルカテゴリ	サブカテゴリ	スキルレベル	チェック項目	DS	Dm	必須スキル	AI活用	AI活用タイプ	本書該当箇所
1	1	行動規範	ビジネスマインド	★	ビジネスにおける「論理とデータの重要性」を認識し、分析的でデータドリブンな考え方に基づき行動できる			○			2.1節
2	2	行動規範	ビジネスマインド	★	「目的やゴールの設定がないままデータを分析しても、意味合いが出ない」ことを理解している			○			1.2節、2.1節
3	3	行動規範	ビジネスマインド	★	課題や仮説を言語化することの重要性を理解している			○			（1.2節の書籍紹介コラムの書籍を参照）
4	4	行動規範	ビジネスマインド	★	現場に出向いてヒアリングするなど、一次情報に接することの重要性を理解している			○			3.4節
5	5	行動規範	ビジネスマインド	★	様々なサービスが登場するなかで直感的にわくわくし、その裏にある技術に興味を持ち、リサーチできる	*	*	○	○	⑥技術的理解	（項目記載のとおりです。このビジネスマインドを常に意識しましょう！）
6	6	行動規範	ビジネスマインド	★★	ビジネスではスピード感がより重要であることを認識し、時間と情報が限られた状況下でも、言わば「ザックリ感」を持って素早く意思決定を行うことができる			○			（項目記載のとおりです。このビジネスマインドを常に意識しましょう！）
7	7	行動規範	ビジネスマインド	★★	社会における変化や技術の進化など、外的要因による分析プロジェクトへの影響をある程度見通し、柔軟に行動できる			○			（項目記載のとおりです。このビジネスマインドを常に意識しましょう！）
8	8	行動規範	ビジネスマインド	★★	作業ありきではなく、解決すべき課題（イシュー）ありきで行動できる			○			1.2節（特に1.2節書籍紹介コラムの書籍を参照）
9	9	行動規範	ビジネスマインド	★★	分析で価値ある結果を出すためには、仮説検証の繰り返しが必要であることを理解し、粘り強くタスクを完遂できる			○			3.2節
10	10	行動規範	ビジネスマインド	★★★	プロフェッショナルとして、作業集ではなく生み出す価値視点で常に判断・行動でき、真に価値あるアウトプットを生み出すことにコミットできる			○			（項目記載のとおりです。このビジネスマインドを常に意識しましょう！）
11	1	行動規範	データ・AI倫理	★	データを取り扱う人間として相応しい倫理を身に着けている（データのねつ造、改ざん、盗用を行わないなど）			○			本書対象外（※）
12	2	行動規範	データ・AI倫理	★	データ、AI、機械学習の意図的な悪用（真偽の識別が困難なレベルの画像・音声作成、フェイク情報の作成、Botによる企業・国家への攻撃など）がありえることを勘案し、技術に関する基礎的な知識と倫理を身に付けている	*	*	○	○	⑧倫理課題対応	本書対象外（※）
13	3	行動規範	データ・AI倫理	★★	AI・機械学習がもたらす現在の倫理課題を説明できる（生成AIによる様々な権利侵害、バイアスによる人種差別、学習済みモデルのリバースエンジニアリングによる知的財産権の侵害など）	*	*	○	○	⑧倫理課題対応	本書対象外（※）

NO	SubNo	スキルカテゴリ	サブカテゴリ	スキルレベル	チェック項目	DS	DE	必須スキル	AI活用	AI活用タイプ	本書該当箇所
14	4	行動規範	データ・AI倫理	★★	生成AIモデルを活用する際、倫理の曖昧さと法整備の不十分さが残っていることを理解し、利活用するための対応方法を検討できる				○	⑦技術課題対応	本書対象外(※)
15	5	行動規範	データ・AI倫理	★★★	会社や組織全体におけるデータの取り扱いに関する倫理を維持・向上させるために、必要な制度や仕組みを策定し、その運営を主導できる						本書対象外(※)
16	1	行動規範	コンプライアンス	★	データ分析者・利活用者として、データの倫理的な活用上の許容される範囲や、ユーザサイドへの必要な許諾についておおむね理解している(直近の個人情報に関する法令:個人情報保護法、EU一般データ保護規則、データポータビリティなど)			○	○	⑧倫理課題対応	本書対象外(※)
17	2	行動規範	コンプライアンス	★★	担当するビジネスや業界に関係する直近の法令・ガイドラインを理解しており、データの保持期間や運用ルールに活かすことができる			*			本書対象外(※)
18	3	行動規範	コンプライアンス	★★	個人情報の扱いに関する法令、その他のプライバシーの問題、依頼元との契約約款に基づき、明示されていない項目についても仮名化/匿名化すべきデータを選別できる(名寄せにより個人を特定できるもの、依頼元がデータ処理の結果をどのように保持し利用するのかなどの考慮)			*			本書対象外(※)
19	1	論理的思考	MECE	★	データや事象の重複に気づくことができる			○			3.2節(また、1.2節書籍紹介コラムの書籍を参照)
20	2	論理的思考	MECE	★★	初見の課題やテーマに対して、検討の抜け漏れや重複をなくすことができる			○			3.2節(また、1.2節書籍紹介コラムの書籍を参照)
21	3	論理的思考	MECE	★★★	前例のない課題やテーマであっても、他の事象からの類推などを活用し、検討の抜け漏れや重複をなくすことができる			○			3.2節(また、1.2節書籍紹介コラムの書籍を参照)
22	1	論理的思考	構造化能力	★	与えられた分析課題に対し、初動として様々な情報を収集し、大まかな構造を把握することの重要性を理解している			○			3.2節(また、1.2節書籍紹介コラムの書籍を参照)
23	2	論理的思考	構造化能力	★★	様々なデータや事象を、階層やグルーピングによって、適切に構造化できる			○			3.2節(また、1.2節書籍紹介コラムの書籍を参照)
24	1	論理的思考	言語化能力	★	対象となる事象が通常見受けられる場合において、分析結果の意味合いを正しく言語化できる			○			一般的ビジネススキル
25	2	論理的思考	言語化能力	★★	対象となる事象が通常見受けられない場合においても、分析結果の意味合いを既知の表現を組み合わせ、言語化できる						一般的ビジネススキル
26	3	論理的思考	言語化能力	★★★	データ表現に適した言葉がない場合でも、共通認識が形成できるような言葉を新たに作り出すことができる						一般的ビジネススキル
27	1	論理的思考	ストーリーライン	★	一般的な論文構成について理解している(序論⇒アプローチ⇒検討結果⇒考察や、序論⇒本論⇒結論 など)			○			一般的ビジネススキル
28	2	論理的思考	ストーリーライン	★★	因果関係に基づいて、ストーリーラインを作ることができる(観察⇒気づき⇒打ち手、So What?、Why So?など)			○			(1.2節の書籍紹介コラムの書籍を参照)
29	3	論理的思考	ストーリーライン	★★★	相手や内容に応じて、自在にストーリーラインを組み上げることができる						(1.2節の書籍紹介コラムの書籍を参照)
30	1	論理的思考	ドキュメンテーション	★	データの出自や情報の引用元に対する信頼性を適切に判断し、レポートに記載できる			○			一般的ビジネススキル
31	2	論理的思考	ドキュメンテーション	★	1つの図表~数枚程度のドキュメントを論理立ててまとめることができる(課題背景、アプローチ、検討結果、意味合い、ネクストステップ)	*		○			5.2節(また、5.2節の記事紹介コラムのサイトや書籍紹介コラムの書籍を参照)
32	3	論理的思考	ドキュメンテーション	★★	10~20枚程度のミニパッケージ(テキスト&図表)、もしくは5ページ程度の図表込みのビジネスレポートを論理立てて作成できる	*		○			5.2節(また、5.2節の記事紹介コラムのサイトや書籍紹介コラムの書籍を参照)
33	4	論理的思考	ドキュメンテーション	★★★	30~50枚程度のフルパッケージ(テキスト&図表)、もしくは10ページ以上のビジネスレポートを論理立てて作成できる	*					5.2節(また、5.2節の記事紹介コラムのサイトや書籍紹介コラムの書籍を参照)

NO	SubNo	スキルカテゴリ	サブカテゴリ	スキルレベル	チェック項目	DS	DE	必須スキル	AI活用	AI活用タイプ	本書該当箇所
34	1	論理的思考	説明能力	★	報告に対する論拠不足や論理破綻を指摘された際に、相手の主張をすみやかに理解できる	*		○			一般的ビジネススキル
35	2	論理的思考	説明能力	★★	論理的なプレゼンテーションができる	*		○			一般的ビジネススキル
36	3	論理的思考	説明能力	★★★	プレゼンテーションの相手からの質問や反論に対して、説得力のある形で回答できる	*		○			一般的ビジネススキル
37	1	着想・デザイン	着想	★★	ユーザの視点に基づき、経験や体験を捉え、課題の発見や解決策を考えることで、データおよびテクノロジーを活用したビジネスモデルの着想ができる						2.3節、2.4節、2.5節
38	2	着想・デザイン	着想	★★★	新たなテクノロジー・デバイスやAIサービスなどが登場した際に、速やかにそれらを活用・応用した新たなサービスの企画・設計や、データ活用戦略が立案できる	*	*	○		⑤企画	2.2節
39	3	着想・デザイン	着想	★★★	単一の組織（企業や団体など）の枠を超えて他社や大学、地方自治体、研究機関、起業家などが持つ技術やアイデア、サービスなどと組み合わせることで、組織や取り組みにもたらす新たな価値を着想できる						高度な話題のため本書では取り上げなかった
40	1	着想・デザイン	デザイン	★★	プライバシー・バイ・デザインやデータガバナンスの考え方を理解したうえで、UI専門家などと協議し、同意取得やプライバシーに配慮したデータ取得設計ができる		*			⑤企画	本書対象外（※）
41	2	着想・デザイン	デザイン	★★★	データやAIの利活用において関係者や利用者の共感を得ることができるようなビジョンやコンセプトを設計し提言できる						高度な話題のため本書では取り上げなかった
42	3	着想・デザイン	デザイン	★★★	ビジネスの目的に応じて、既存のAIソリューションのカスタマイズの制限や依存関係を考慮しOEMやホワイトラベルとしてのAIの活用検討ができる	*	*			⑤企画	ビジネスモデルの話になるので本書では取り上げなかった
43	1	着想・デザイン	AI活用検討	★	既存の生成AIサービスやツールを活用し、自身の身の回りの業務・作業の効率化ができる			○	○	①使う	2.5節
44	2	着想・デザイン	AI活用検討	★★	"ビジネス課題に対して、既存の学習済みモデルやライブラリの適用を検討できる（APIの活用、LLMの適用など）"	*	*			⑤企画	2.5節
45	3	着想・デザイン	AI活用検討	★★	事業主体の国や地域によって、データの扱いや動作環境が異なることを理解し、活用するクラウドサービスなどを適切に選択できる		*			⑤企画	業務適用時の詳細な話題は本書では取り上げなかった
46	4	着想・デザイン	AI活用検討	★★	用途・目的に応じ、生成AI（LLMやDiffusionモデルなど）の選択、開発と運用時間両面の計算リソース、著作権侵害リスクや商用利用可否などを総合的に判断し、活用の検討ができる		*			⑤企画	業務適用時の詳細な話題は本書では取り上げなかった
47	5	着想・デザイン	AI活用検討	★★★	生成AIなど新しい技術の事業導入において、得られる事業価値、技術の不確実性リスク（特許権・著作権、セキュリティなど）と、必要コスト、場合によっては環境負荷への配慮など様々な観点から導入可否について適切な判断ができる				○	⑦技術課題対応	業務適用時の詳細な話題は本書では取り上げなかった
48	6	着想・デザイン	AI活用検討	★★★	過去に何度か起こった技術的ブレイクスルーとその後の世界の変化のあり方を理解したうえで（深層学習や深層強化学習、GAN）、今起こっているブレイクスルー（拡散モデルや大規模言語モデル等）の影響や起こすべき行動の見立てを立てられる	*	*		○	⑥技術的理解	2.2節
49	1	着想・デザイン	開示・非開示の決定	★★	自分の担当事業のデータについて、社外への開示可否や有償・無償の検討するため、他社にはないユニークな特徴や市場価値をリサーチできる						ビジネスモデルの話になるので本書では取り上げなかった
50	2	着想・デザイン	開示・非開示の決定	★★★	他社による模倣を防ぎ、競争力を保つ観点で、自社と市場の双方にメリットある開示方法を選択できる（自社にクローズした利用、製品に組み込んだ販売、APIとしての提供など）	*	*				ビジネスモデルの話になるので本書では取り上げなかった
51	1	課題の定義	KPI	★	担当する分析プロジェクトにおいて、当該事業の収益モデルと主要な変数を理解している						3.2節、3.3節、3.4節

NO	SubNo	スキルカテゴリ	サブカテゴリ	スキルレベル	チェック項目	DS	DE	必須スキル	AI活用	AI活用タイプ	本書該当箇所
52	2	課題の定義	KPI	★★	自らが関連する事業領域であれば、複数の課題レイヤーにまたがっていても、主要な変数を整理・構造化できる						3.2節、3.3節、3.4節
53	3	課題の定義	KPI	★★★	初見の事業領域であっても、主要な変数を構造化し、特に鍵となる変数(KPI)を見極められる						3.2節、3.3節、3.4節
54	1	課題の定義	スコーピング	★	担当する事業領域について、市場規模、主要なプレーヤー、支配的なビジネスモデル、課題と機会について説明できる						3.4節
55	2	課題の定義	スコーピング	★	主に担当する事業領域であれば、取り扱う課題領域に対して基本的な課題の枠組みが理解できる(調達活動の5フォースでの整理、CRM課題のRFMでの整理など)				○		3.4節
56	3	課題の定義	スコーピング	★	既知の事業領域の分析プロジェクトにおいて、分析のスコープが理解できる						3.2節
57	4	課題の定義	スコーピング	★★	事業モデルやバリューチェーンなどの特徴や事業領域の主たる課題を自力で構造的に理解でき、問題の大枠を整理できる						3.2節、3.3節、3.4節
58	5	課題の定義	スコーピング	★★★	事業領域の主要課題を他領域の課題との関連も含めて構造的に理解でき、問題の大枠を定義できる						3.2節
59	6	課題の定義	スコーピング	★★★	論理的な整理にとらわれず、批判的・複合的な視点を識別できる						(4.3節の書籍紹介コラムの書籍を参照)
60	7	課題の定義	スコーピング	★★★	仮説や可視化された問題がなくとも、解くべき課題を構造的に整理でき、見極めるべき論点を特定できる				○		3.2節
61	1	課題の定義	価値の見積り	★	プロジェクト開始時点で、入手可能なデータ、分析手法、インフラ、ツールの生み出すビジネス価値を見積もることができる	*		*			3.2節、3.5節(簡易的ですが)
62	1	アプローチ設計	データ入手	★	仮説や既知の問題が与えられたなかで、必要なデータにアタリをつけ、アクセスを確保できる	*		*	○		業務オペレーションのタスクなので本書では取り上げなかった
63	2	アプローチ設計	データ入手	★★	自身が担当するプロジェクトやサービスを超えて、必要なデータのアタリをつけ、アクセスを確保できる	*		*			業務オペレーションのタスクなので本書では取り上げなかった
64	3	アプローチ設計	データ入手	★★★	組織全体及び関連する社外のデータを見渡して、必要なデータのアタリをつけ、アクセスを確保できる	*		*			業務オペレーションのタスクなので本書では取り上げなかった
65	1	アプローチ設計	AI-ready	★★	検討目的に応じてこれまでデータ化されたことのないものを適切にデータ化するためのデータ取得とデータ構造の設計を行うことができる	*		*			3.2節、3.3節、3.4節、4.1節
66	2	アプローチ設計	AI-ready	★★★	ドメイン特有のデータ構造と意味合いを理解したうえで、データ発生からデータ利活用までの流れを俯瞰し、適切にノイズ、データの汚れの発生を抑制することができる	*		*			3.6節、4.1節
67	3	アプローチ設計	AI-ready	★★★	業界、業務で求められるビジネス目的やモデル精度に応じて、必要なデータの品質、取得経路や範囲、契約条件などを勘案し、データの入手経路の確保と加工・運用設計ができる	*		*			業務オペレーションのタスクなので本書では取り上げなかった
68	1	アプローチ設計	アプローチ設計	★★	分析の目的を検証すべき項目に分解し、アウトプットとなる比較結果やモデル作成の結果のイメージを描くことができる	*			○		3.1節、3.2節
69	2	アプローチ設計	アプローチ設計	★★	分析の目的に対して、プロジェクトの目標と評価方法を具体化し、定量的な成功基準を設定するとともに、成功基準の判定時期・判定者を決定できる						3.5節
70	3	アプローチ設計	アプローチ設計	★★	仮説検証思考で、論点ごとに検証すべき項目を識別できる				○		3.2節
71	4	アプローチ設計	アプローチ設計	★★	最終的な結論に関わる部分や、ストーリーラインの骨格に大きな影響を持つ部分から着手するなど、検証すべき項目の優先度を判断できる	*					3.2節
72	5	アプローチ設計	アプローチ設計	★★	テキスト・画像・音声などを適切に複合的に組み合わせ、マルチモーダルを活用した価値をデザインできる	*		*	○	⑤企画	2.4節、2.5節

NO	SubNo	スキルカテゴリ	サブカテゴリ	スキルレベル	チェック項目	DS	DE	必須スキル	AI活用	AI活用タイプ	本書該当箇所
73	6	アプローチ設計	アプローチ設計	★★	データの機密度を考慮したうえで、内外のAIサービスに対する活用可否を判断し、入出力データの配置先(クラウドストレージへの配置可否や、社内オンプレ環境におけるセキュリティレベルなど)を設計できる		*		○	⑤企画	業務適用時の詳細な話題は本書では取り上げなかった
74	7	アプローチ設計	アプローチ設計	★★★	「データサイエンスを駆使して解くべき課題」か否かを判断できる	*	*	○			2章
75	8	アプローチ設計	アプローチ設計	★★★	自社ビジネスに関連する新たな学習済みモデルやAIサービスのリリースを常に把握し、その特徴やコスト、導入負荷、リスクなどを理解したうえで現行業務や利用中のシステムに対する影響や導入可否を検討できる		*		○	⑤企画	5.3節
76	9	アプローチ設計	アプローチ設計	★★★	AI技術に関する大局的な理解を基に、必要に応じて専門家に相談し、ビジネスで生じる様々なAI活用のアイデアについて、その実現可否や難易度を判断できる(生成モデルによるContent moderationの実施など)	*	*		○	⑥技術的理解	2.2節
77	10	アプローチ設計	アプローチ設計	★★★	基盤モデルが学習に利用しているデータやその学習方法、汎化性能に起因する利用上の倫理問題(バイアスや誤情報、データ作成者の権利保護・クロール対策、個人・機密情報の取り扱いなど)を予測・調査し、対策を検討できる	*				⑦技術課題対応	本書対象外(※)
78	1	アプローチ設計	分析アプローチ設計	★	スコープ、検討範囲・内容が明確に設定されていれば、必要な分析プロセスが理解できる(データ、分析手法、可視化の方法など)	*					2.3節、2.4節、2.5節、3.1節、3.2節
79	2	アプローチ設計	分析アプローチ設計	★★	解くべき課題がフレーミングされていれば、必要なデータ取得のあり方、粒度、サンプリングのあり方などを設計できる	*					(4.2節の書籍紹介コラムの書籍を参照)
80	3	アプローチ設計	分析アプローチ設計	★★	解くべき課題がフレーミングされていれば、必要な分析手法、可視化などを適切に選択できる	*		○			2.4節、2.5節、3.1節
81	4	アプローチ設計	分析アプローチ設計	★★★	複数のアプローチの組み合わせでしか解けない課題であっても、その解決までの道筋を設計できる	*	*				2.3節、2.4節、2.5節
82	1	アプローチ設計	生成AI活用	★	大規模言語モデルにおいては、事実と異なる内容がもっともらしいかのように生成されることがあること(Hallucination)、これらが根本的に避けることができないことを踏まえ、利用に際しては出力を鵜呑みにしない等の注意が必要であることを知っている			○	○	⑦技術課題対応	生成AIテクニックの話のため本書対象外とした
83	2	アプローチ設計	生成AI活用	★	Hallucinationが起きていることに気づくための適切なアクションをとることができる(検索等によるリサーチ結果との比較や、他LLMの出力結果との比較、正確な追加情報を入力データに付与することによる出力結果の変化比較など)			○	○	⑦技術課題対応	生成AIテクニックの話のため本書対象外とした
84	3	アプローチ設計	生成AI活用	★★	大規模言語モデルでのHallucinationに惑わされないために、どのような質問は適切で、どのような質問が適切でないかを判断して利用できる			○	○	①使う	生成AIテクニックの話のため本書対象外とした
85	4	アプローチ設計	生成AI活用	★★	拡散モデルや大規模言語モデルなど生成モデルに関する技術の動向や広がりを理解し、どのような生成タスク分野に適用可能かを調査・検討できる(テキスト生成、画像生成、音源生成、ダミーデータ生成など)	*			○	⑥技術的理解	"生成AIテクニックの話のため本書対象外とした(2.5節で少し触れている)"
86	5	アプローチ設計	生成AI活用	★★★	テキスト生成や画像生成など様々な生成モデルの入出力を理解し、これらを組み合わせて目的を達成するための機能を設計できる(目的に則した画像生成を大規模言語モデルと連動させて行うためのコンテキストチューニングなど)	*	*		○	③作る-実装	生成AIテクニックの話のため本書対象外とした
87	1	データ理解	統計情報への正しい理解	★	単なるローデータとしての実数だけを見ても判断できない事象が大多数であり、母集団に占める割合の比率的な指標でなければ数字の比較に意味がないことがわかっている	*		○			3.1節、4.2節

NO	SubNo	スキルカテゴリ	サブカテゴリ	スキルレベル	チェック項目	DS	DE	必須スキル	AI活用	AI活用タイプ	本書該当箇所
88	2	データ理解	統計情報への正しい理解	★	ニュース記事などで統計情報に接したときに、数字やグラフの不適切な解釈に気づくことができる	*		○			4.2節
89	3	データ理解	統計情報への正しい理解	★★	自身の判断に必要となる統計情報を積極的に収集するとともに、表現に惑わされず数字を正当に評価できる（原点が0ではないグラフ、不要な3D化、不要な2軸化、目盛りの未記載など）	*					3.1節
90	4	データ理解	統計情報への正しい理解	★★★	統計情報から有益な知見を得るために、何と比較するべきかすみやかに把握し、収集・利用できる（業務データや過去に接触した統計情報の想起・活用を含む）	*					4.3節
91	1	データ理解	ビジネス観点での理解	★	ビジネス観点で仮説を持ってデータをみることの重要性と、仮に仮説と異なる結果となった場合にも、それが重大な知見である可能性を理解している			○			4.3節
92	2	データ理解	ビジネス観点での理解	★★	統計手法を用いる際の閾値の設定に対して、ビジネス観点で納得感のある調整ができる（年齢の刻み、商品単価、購入周期を考慮した量的変数のカテゴライズなど）	*					3.4節
93	3	データ理解	ビジネス観点での理解	★★★	分析プロセス全体を通して、ビジネス観点での妥当性をチェックし、データから得られた示唆が価値ある知見であるかを都度判断できる			○			3.2節
94	1	データ理解	意味合いの抽出・洞察	★	分析結果を元に、起きている事象の背景や意味合い（真実）を見抜くことができる	*					4.3節
95	2	データ理解	意味合いの抽出・洞察	★★	分析結果を元に、特異点、相違性、傾向性、関連性を見いだしたうえで、ビジネス上の意味を捉えるためにドメイン知識を持つ人に適切な質問を投げかけられる	*					4.3節
96	3	データ理解	意味合いの抽出・洞察	★★	分析結果を元に、意味合いの明確化に向けた分析の深掘り、分析対象データの見直しについて方向性を設計できる	*					3.2節
97	1	分析評価	評価	★★	担当する分析プロジェクトの分析結果を見て検討目的と合っているか評価できる	*		○			2.1節
98	2	分析評価	評価	★★	分析結果が当初の目的を満たしていない場合に、問題を正しく理解し、目的達成に向けて必要な分析手順を追加・変更できる	*					3.2節
99	3	分析評価	評価	★★★	生成AIを活用したアウトプットに対して、ビジネス観点での検証プロセスの設計とアウトプットの評価軸を検討できる	*			○	③作る-実装	生成AIテクニックの話のため本書対象外とした
100	1	分析評価	業務へのフィードバック	★★	分析的検討に基づき、担当業務に対する必要的アクション、改善案を整理して結論を導くことができる						2.5節
101	2	分析評価	業務へのフィードバック	★★★	分析的検討に基づき、経営レベルで必要なアクション、改善案を整理して結論を導くことができる						「経営レベル、事業改革」における分析は本書対象外とした
102	1	事業への実装	実装	★★	現場に実装する際、実行可能性を考慮し適切に対応できる（AI活用に関する基礎理解促進、業務マニュアルの改訂・浸透や、現場のトレーニングなど）		*	○			5.3節
103	2	事業への実装	実装	★★	自身が担当する案件を予算内で完結させるための取り組みを設計し、現場に実装できる		*				5.3節
104	3	事業への実装	実装	★★	異なるスキル分野の専門家や事業者と適切なコミュニケーションをとりながら事業・現場への実装を進めることができる		*				5.3節
105	4	事業への実装	実装	★★★	費用対効果、実行可能性、業務負荷を考慮し事業に実装ができる		*				5.3節
106	1	事業への実装	評価・改善の仕組み	★	結果、改善の度合いをモニタリングする重要性を理解している			○			5.3節
107	2	事業への実装	評価・改善の仕組み	★★	事業・現場へ実装するに当ってモニタリングの仕組みを適切に組み込むことができる	*	*				5.3節
108	3	事業への実装	評価・改善の仕組み	★★★	既存のPDCAサイクルに対し、次の改善的な取り組みにつなげることができる						1.3節、2.1節
109	1	契約・権利保護	契約	★	二者間での一般的な契約の概念を理解している（請負契約と準委任契約の役務や成果物の違いなど）						本書対象外（※）

NO	SubNo	スキルカテゴリ	サブカテゴリ	スキルレベル	チェック項目	DS	DE	必須スキル	AI活用	AI活用タイプ	本書該当箇所
110	2	契約・権利保護	契約	★★	生成されたデータや学習済みモデルに関する権利保護に必要な法令を考慮し対処できる(契約法、特許法、著作権法、不正競争防止法など)				○	⑧倫理課題対応	本書対象外(※)
111	3	契約・権利保護	契約	★★	分析基盤実装などの開発・運用や、開発済み分析モデルの運用について、品質、可用性、責任などの観点で契約(SLA: Service Level Agreement など)にまとめることができる						本書対象外(※)
112	4	契約・権利保護	契約	★★	性能保証を求められた際に、分析で作るモデルでは一般的に性能保証できないことを伝える、もしくは、事前に評価方法を定義するなど契約に盛り込むことができる						本書対象外(※)
113	5	契約・権利保護	契約	★★★	AI・モデル開発における生成データや学習済みモデルに対し、成果物に対する責任の所在、権利の帰属を専門家と協力しつつ、契約内容に盛り込むことができる(著作、利用許諾、営業機密、情報開示、利用範囲など)			*	○	⑧倫理課題対応	本書対象外(※)
114	1	契約・権利保護	権利保護	★	AI・データを活用する際に、組織で規定された権利保護のガイドラインを説明できる				○	⑧倫理課題対応	本書対象外(※)
115	2	契約・権利保護	権利保護	★★	AI・モデル開発において、既存ライブラリを活用した場合の知財リスクの確認や、適切なガイドラインを参照・確認できる(経済産業省「AIデータの利用に関する契約ガイドライン」など)	*	*		○	⑧倫理課題対応	本書対象外(※)
116	3	契約・権利保護	権利保護	★★★	AI・モデルの新規開発や新サービス導入に伴う権利保護のガイドラインを定義できる	*	*		○	⑧倫理課題対応	本書対象外(※)
117	4	契約・権利保護	権利保護	★★★	手法・アルゴリズム構築時に、他者の権利を侵害しない知財リスク管理や、他者からの権利侵害に備えた特許出願やデータ保全を含む適切な対応ができる	*	*				本書対象外(※)
118	1	PJマネジメント	プロジェクト発足	★	プロジェクトにおけるステークホルダーや役割分担、プロジェクト管理・進行に関するツール・方法論が理解できる						本書対象外(※)
119	2	PJマネジメント	プロジェクト発足	★★	アジャイル開発体制のポイントを理解したうえで、アジャイルな開発チームを迅速に立ち上げ、推進できる						本書対象外(※)
120	3	PJマネジメント	プロジェクト発足	★★	類似事例の実績やProof of Concept(PoC)を適宜利用して、プロジェクト計画に関わるステークホルダーとの合意を形成できる						本書対象外(※)
121	4	PJマネジメント	プロジェクト発足	★★	PoCのみで終わらないように、PoCプロジェクト立ち上げ時点で実務実装を想定した計画を策定できる						本書対象外(※)
122	1	PJマネジメント	プロジェクト計画	★★	ビジネス要件を整理し、分析・データ活用のプロジェクトを企画・提案できる	*	*	○			本書対象外(※)
123	2	PJマネジメント	プロジェクト計画	★★	プロジェクト立ち上げに向けて、目的・ゴールに沿ったアプローチ、成果物、納期、リソース配分を整理し、WBSに落とし込むことができる			*			本書対象外(※)
124	3	PJマネジメント	プロジェクト計画	★★	分析プロジェクトのデータ、分析結果のなかから、どれを顧客、外部に開示すべきか、あらかじめ判断できる			*			本書対象外(※)
125	4	PJマネジメント	プロジェクト計画	★★★	依頼元やステークホルダーのビジネスをデータ面から理解し、分析・データ活用のプロジェクトを立ち上げ、プロジェクトにかかるコストと依頼元の利益を説明できる	*	*				本書対象外(※)
126	1	PJマネジメント	運用	★★★	運用しているサービスやシステムに対して、稼働状況や情報漏洩の監視を実施し、適切にサービスレベルを維持・管理できる	*	*				本書対象外(※)
127	1	PJマネジメント	横展開	★★★	特定のビジネス課題に向けた新しいソリューションを個別の現場の特性を考慮し横展開できる	*	*				本書対象外(※)
128	1	PJマネジメント	方針転換	★★	AI活用範囲の広がりに応じて、ハードウェア、ソフトウェア、通信環境などの見直しを検討できる			*	○	⑨推進課題対応	本書対象外(※)

NO	SubNo	スキルカテゴリ	サブカテゴリ	スキルレベル	チェック項目	DS	DE	必須スキル	AI活用	AI活用タイプ	本書該当箇所
129	2	PJマネジメント	方針転換	★★★	プロジェクトの進捗や達成状況が芳しくない場合や、想定外の事象が起こった場合に、リカバリープランを見極めたうえで、時には大幅な方針転換や終了の判断ができる	*	*	○			本書対象外（※）
130	3	PJマネジメント	方針転換	★★★	マルチモーダルAIの今後の発展を踏まえ、自社の持つインフラ環境の限界を考慮して、データ活用戦略の見直しやデータ基盤の再構築を検討できる		*		○	⑦技術課題対応	本書対象外（※）
131	1	PJマネジメント	完了	★★★	プロジェクトやサービスが終了した場合に、契約内容に応じたデータ削除や運用管理体制の引継ぎ/終了等、適切にプロジェクト完了処理ができる		*				本書対象外（※）
132	1	PJマネジメント	リソースマネジメント	★	指示に従ってスケジュールを守り、チームリーダーに頼まれた自分の仕事を完遂できる			○			本書対象外（※）
133	2	PJマネジメント	リソースマネジメント	★★	プロジェクトに設定された予算やツール、システム環境を管理・活用し、プロジェクトを進行できる（適切なロールや権限設定、クラウドやAIサービスの課金状況の把握など）	*	*	○			本書対象外（※）
134	3	PJマネジメント	リソースマネジメント	★★	5名前後のチームをスケジュールどおりに進行させ、ステークホルダーに対して、期待値に見合うアウトプットを安定的に生み出せる						本書対象外（※）
135	4	PJマネジメント	リソースマネジメント	★★	プロジェクトメンバーのスキルや特性を見極め、適切な業務範囲を設計し、曖昧な指示で終わらせず、明確な指示出しができる						本書対象外（※）
136	5	PJマネジメント	リソースマネジメント	★★★	プロジェクトに求められるスキル要件と各メンバーのスキル・成長目標・性格をふまえ、現実的にトレードオフ解消とシナジーを狙ったリソースマネジメントができる	*	*				本書対象外（※）
137	6	PJマネジメント	リソースマネジメント	★★★	プロジェクトメンバーの技量を把握したうえで、プロジェクト完遂に必要なツール選定、予算策定、スコープ設定、またはアウトソーシング体制を検討・構築できる	*	*				本書対象外（※）
138	7	PJマネジメント	リソースマネジメント	★★★	複数のチームから編成されるプロジェクトにおいて、スケジュールどおりに進行させ、複合的なステークホルダーに対し、期待値を超えたアウトプットを安定的に生み出せる	*	*				本書対象外（※）
139	1	PJマネジメント	リスクマネジメント	★	担当するタスクの遅延や障害などを発見した場合、迅速かつ適切に報告ができる			○			本書対象外（※）
140	2	PJマネジメント	リスクマネジメント	★★	プロジェクトでの遅延や障害などの発生を検知し、リカバリーするための提案・設計ができる	*	*				本書対象外（※）
141	3	PJマネジメント	リスクマネジメント	★★★	期待される成果が達成できないケースを早期に見極め、プロジェクトの終了条件をステークホルダーと整理・合意できる						本書対象外（※）
142	4	PJマネジメント	リスクマネジメント	★★★	プロジェクトの推進に深く影響するようなリスクを早期に察知し、適切にギャップを埋め、つなぎ直し、それに合わせチームの再編成も随時行い、障害などの発生の大半を事前に抑制できる						本書対象外（※）
143	5	PJマネジメント	リスクマネジメント	★★★	プロジェクトに何らかの遅延・障害などが発生した場合、適切なリカバリー手順の判断、リカバリー体制構築、プロジェクトオーナーに対する迅速な対応ができる			○			本書対象外（※）
144	6	PJマネジメント	リスクマネジメント	★★★	マルウェア、DDoS攻撃などの深刻なセキュリティ攻撃を受けた場合に対応する最新の技術を把握し、対応する専門組織（CSIRT）の構成を責任者にすみやかに提案できる		*				本書対象外（※）
145	1	組織マネジメント	育成／ナレッジ共有	★★	自身とチームメンバーのスキルを大まかに把握し、担当するプロジェクトを通して、チームメンバーへのスキル成長のためのアドバイスや目標管理ができる	*	*				本書対象外（※）
146	2	組織マネジメント	育成／ナレッジ共有	★★	チームメンバーのスキルに応じ、研修参加や情報収集への適切なアドバイスやチーム内でのナレッジ共有を推進できる	*	*				本書対象外（※）

NO	SubNo	スキル カテゴリ	サブカテ ゴリ	スキル レベル	チェック項目	DS	DE	必須 スキル	AI 活用	AI活用 タイプ	本書該当箇所
147	3	組織 マネジメント	育成／ ナレッジ共有	★★	チーム全員がデータを取り扱う人間として相応しい倫理を持てるよう、適切にチームを管理できる						本書対象外（※）
148	4	組織 マネジメント	育成／ ナレッジ共有	★★★	プロジェクトに設定された予算やツール、システム環境をチームのスキル・作業量や費用状況を適宜監視しながら活用し、プロジェクトを進行できる				○	⑨推進課題対応	本書対象外（※）
149	5	組織 マネジメント	育成／ ナレッジ共有	★★★	チームの各メンバーが不安や恥ずかしさを感じることなくチャレンジすることができ、積極的に失敗を共有し改善に向けて問題提起と話し合いを行う、開かれた雰囲気を醸成できる						本書対象外（※）
150	6	組織 マネジメント	育成／ ナレッジ共有	★★★	チームの各メンバーに対し、データサイエンティストとしてのスキル目標の設定、到達させるための適切なアドバイスができる	＊	＊	○			本書対象外（※）
151	7	組織 マネジメント	育成／ ナレッジ共有	★★★	データサイエンティストに求められるスキルについて、育成制度の設計やナレッジ共有の仕組み構築と運営ができる	＊	＊			⑥技術的理解	本書対象外（※）
152	8	組織 マネジメント	育成／ ナレッジ共有	★★★	チームに必要な情報やデータサイエンスの新しい技術・手法に関する情報収集方法や学習方法を主導し、自ら情報を取捨選択し、チームにフィードバックできる	＊	＊				本書対象外（※）
153	1	組織 マネジメント	組織 マネジメント	★★	所属する組織全体におけるデータサイエンスチームの役割を認識し、担当するプロジェクトにおいて、組織内や他部門・他社間でのタスク設定や調整ができる						本書対象外（※）
154	2	組織 マネジメント	組織 マネジメント	★★	現場・プロジェクトレベルの活動単位において、生成AIなどの技術動向をキャッチアップし、現場に即した活用ルールを作りながら推進できる				○	⑨推進課題対応	本書対象外（※）
155	3	組織 マネジメント	組織 マネジメント	★★★	データサイエンスチームを自社・他社の様々な組織と関連付け、対象組織内での役割の規定、目標設定を行うことができる			○			本書対象外（※）
156	4	組織 マネジメント	組織 マネジメント	★★★	プロジェクトやチームを超えて、データサイエンス・AIに関する正しい理解、知識・スキル向上のための取り組みを企画・推進できる				○	⑨推進課題対応	本書対象外（※）
157	5	組織 マネジメント	組織 マネジメント	★★★	生成AIの活用に伴うリスクについて、事業や技術の最新動向を踏まえリスクの棚卸しをするとともに、組織的に対応できるオペレーションや、意思決定フローを整備できる				○	⑨推進課題対応	本書対象外（※）
158	6	組織 マネジメント	組織 マネジメント	★★★	大規模言語モデル（LLM）の誤った出力に対するシステムチェックの限界を理解し、利用場面や注意事項などに関するガイドラインや利用における免責事項のポイントを検討できる	＊	＊			⑦技術課題対応	本書対象外（※）
159	7	組織 マネジメント	組織 マネジメント	★★★	最新の技術動向について適宜モニタリングを行い、そこで得られた知見を元に法令やセキュリティなどの専門部署と連携して、適用対象の設定および活用ルールなどのガイドラインが整備できる				○	⑨推進課題対応	本書対象外（※）

※本書対象外としたところの理由は 1.2 節参照

付録C　本書推奨書籍の読み方

　本書の各節の最後に書籍紹介コラムという形でオススメする本を挙げてきましたが、付録としてその一覧をここにまとめました。

　また、「読むべき順番」も併せて記載しています。知識は基礎から積み上げて得ていくものですので、積み上げのためにはこの順番で読んでいくのがよいだろうと筆者の考えを示しているものになります。決して各書籍の優劣を表すものではないことはご注意ください。

学べること	キーワード	書籍タイトル	紹介節	読むべき順番
データサイエンティストととしての心構え		『イシューからはじめよ―知的生産の「シンプルな本質」』(安宅和人著、英治出版刊)	1.2節	1
		『会社を変える分析の力』(河本薫著、講談社現代新書)	1.3節	2
データ分析のプロセス		『本物のデータ分析力が身に付く本』(河村真一、日置孝一、野寺綾、西腋清行、山本華世著、日経BP刊)	2.4節	3
データ分析・AI活用における基礎知識	データ分析・AI	『データ分析実務スキル検定 公式テキスト』(データミックス著、インプレス刊)	3.2節	4
	AI	『スピード合格ディープラーニング G検定(ジェネラリスト)対策テキスト』(金井恭秀・岩間健一・加藤慎治・村松李紗・深津まみ著、リックテレコム刊)	2.2節	5
データ分析・AI活用で解くべき問題や課題の発見		『問題発見プロフェッショナル「構想力と分析力」』(齋藤嘉則著、ダイヤモンド社刊)	2.3節	6
		『戦略的データサイエンス入門 ―ビジネスに活かすコンセプトとテクニック』(Foster Provost、Tom Fawcett著、オライリージャパン刊)	2.5節	7
改めてデータ分析の本質を考える		『思考・論理・分析―「正しく考え、正しく分かること」の理論と実践―』(波頭亮著、産業能率大学出版部刊)	1.1節	8
データ分析における各種テクニック	分析解釈・クレンジング	『分析者のためのデータ解釈学入門 データの本質をとらえる技術』(江崎貴裕著、ソシム刊)	4.2節	9
	基礎分析	『会社を強くする ビッグデータ活用入門 基本知識から分析の実践まで』(網野知博著、日本能率協会マネジメントセンター刊)	3.4節	9
	分析解釈	『データ分析に必須の知識・考え方 認知バイアス入門 分析の全工程に発生するバイアス その背景・対処法まで完全網羅』(山田典一著、ソシム刊)	4.3節	9
	分析報告	『Google流資料作成術』(コール・ヌッスバウマー・ナフリック著、村井瑞枝訳、日本実業出版社刊)	5.2節	9
データ分析・AI活用の業務適用	AIシステム	『企業ITに人工知能を生かす AIシステム構築実践ノウハウ』(アビームコンサルティング著、日経BP刊)	5.3節	10
	AIシステム	『仕事ではじめる機械学習』(有賀康顕、中山心太、西林孝著、オライリージャパン刊)	5.3節	11
	見積り	『ソフトウェア見積り　人月の暗黙知を解き明かす』(スティーブ・マコネル著、溝口真理子、田沢恵訳、日経BP刊)	5.1節	12

おわりに

　本書冒頭の「はじめに」に続き、あとがきの前半は筆者(河合)個人の話から始めますがしばらくご容赦ください。

　私の父は大のパソコン好きで、それが高じて自営業として「かわいソフト企画」というパソコンショップを始めてしまいました。「家電量販店へ持ち込んでも直らなかったようなパソコンを直すのが俺の仕事だ」と豪語する職人気質の父です。今やパソコンが多くの家庭内にあるのは当たり前の時代ですが、まだパソコンという言葉がなくてマイコンと呼ばれていた頃、まだインターネットはなくてパソコン通信と呼ばれる技術があった頃、そんな頃から父はパソコンに触れていました。なので、SHARPのX68000やNECのPC-98XXといった機種が家に普通にあるという当時としては特殊な環境で私は育ってきました。

　そしてある時、ハードディスクが故障するという事件がわが家で起きました。「ハードディスクだけは壊れても直せないからな」と残念がる父の姿を見て、当時まだ小学生だった私は、その言葉の意味を理解できませんでした。「何か部品が壊れたのなら、それを交換すれば直せるだろう」と何度も父に主張しましたが、「ハードディスクを機械的には直せても、中のデータは直せない」と語り、結局私はその意味も理解できずに、もやもやとしたまま会話は終わりました。

　さて、「ハードディスクは直せない」という言葉の意味は、今ではもちろん分かるようになりましたが、小学生には理解が難しいこの「データ」という実体のない抽象的な概念を私は今や本職として扱っています。「21世紀の石油」とも言われるくらい貴重なものとされているこの「データ」とは何か？日々の仕事や本書の執筆を通じて、「奥が深いものだな」といまだに日々感じ続けています。

　IT業界に就職してSEとして社会人のキャリアを開始しましたが、父の姿にあこがれてこの職を選んだわけでも、逆にITだけは絶対にイヤだと感じたこともなく、ひょんなことから「ITの持つポテンシャルは世の中を大きく変えるほどのものすごいものだ」と感じ、結局は父と同じような職業を選ぶことになりました。

　さて、そんな私の父・奏周ですが、私が本書の執筆中に他界しました。本好きの父

で、実家に帰るたびにまた本が増えているという具合でしたので、ぜひ本書も天国で読んでもらえたらと思っています（今度、仏壇の前に置いておきます）。父の他界後しばらくして、父が好きだったアーティストがデビュー〇〇周年を記念してベストアルバムを出すというニュースを聞きつけました。きっと聴きたかっただろうと思い、ネットでそのCDを購入して、今は実家の仏壇の前に供えてあります。父と私では音楽の趣味は異なり、私はそのアーティストには興味ありませんので、私自身はそのCDの封は一切空けず一度も聴いていません。

　しかし、そのCDをネット購入後、私のWeb閲覧時の広告枠や動画サービスや音楽配信サービスはそのアーティストのレコメンドで一時期あふれかえりました（まさにAIの時代だなと改めて感じます）。しかし、私はレコメンドされても、それにアクセスすることはありません。レコメンドしたAIとしては奇妙に感じたでしょう。なぜ聴きもしないアーティストのCDを買ったのか。AIにとってはこんな不合理な行動はきっと理解できなかったことでしょう。ただし、私はときに不合理な行動を行うそんな人間という存在のあり方が大好きです。人間を指し示す言葉の1つに「ホモ・ルーデンス」（遊戯人）という用語があるとおり、生物として生きていくのには必要のないことをたくさんしている（要は、ときに余暇の時間を過ごしている）のが"人間"というものの本質なんだろうなと感じるからです。

　先日、父の月命日で実家の富山に帰ったときに、父を弔ってくれた近所のお寺の住職さんとゆっくりお話しする機会がありました。私が東京のIT企業に勤めていることはご存じだったので、Copilotの話題を投げかけられました。普段のお寺の業務でWordのドキュメントを作成するときには文章のたたき台作成としてCopilotを活用しているとのことです（田舎かつ個人経営みたいな人でもこういう生成AIを使う流れができていたり、そういう会話ができたりする人がいる時代なんだと感じます）。また、「たたき台作成だけでなくAIで完全自動化を目指せればいいのにな」ともお話しされていたので、「現段階では生成AIはまだ嘘をつく（ハルシネーション）ことがあるから、必ずご本人で一度チェックされることは必須」といつもありがたい説法をしてくださる住職さんに

僭越ながら逆説法してきました (笑)。

　そしてさらに話は進み、AIについては賛成派か？反対派か？とも聞かれたのですが、私は「賛成派！」と即答しました。「AIができることはどんどんAIにやらせればよい。逆にその空いた時間で、お経を読むとかご先祖様に手を合わせるとか家族団らんを楽しむとか、人間にしかできない時間を充実させることが大事だと思う」とこれまた住職さんに逆説法してきました。ただ、世間でも賛成か反対かで議論が二分するこの話題にこのように私が即答できたのは、人間は「ホモ・ルーデンス」的な、要は余暇の時間が充実していることこそが大事だ、という私の信念があったからです。

　例えば不動産企業の営業がマンションを売りたいというときに、特に一昔前だと、とにかく顧客リストに電話をかけまくるということが行われ、営業マンは残業までして電話をかけまくり、かけられる側は、マンションに興味のない人にまでかかってきて、応対に無駄な時間を費やす。これでは誰も幸せになっておらず、世の中的には不幸でしかありません。しかし、本当にその商品が欲しい人に的確にレコメンドができたらどうなるでしょうか。企業としては売上が上がってかつ生産性の低い残業は無くなり、生活者側は世の中に数えきれないほどある商品の中から本当に自分が欲しいものが瞬時にレコメンドされることで、商品を探す時間を消費することなくかつ手に入れたかった効用 (QOL) を最大限に得ることができる。そして、ビジネスマン側も生活者側も、その空いた時間でまさに人間らしい活動が行える余暇の時間を確保することができるわけだからです。

　仕事の忙しさにかまけてあまり帰省していなかったため、最近は実家の父に会う機会もとれず、「親孝行したいときに親はなし」という先人の言葉を身に染みて感じているところです。データやAIをもっと活用することで、人手のみでやってきた生産性の低い作業はやめ、余暇の時間を生かして家族や大切な人たちと一緒に過ごせる時間を少しでも多くとれるようになる。そんな時代が実現できることを祈って、私は今もこのデータAIの仕事を続けています。そして、稚拙な部分もあったかもしれませんが、本書も少しでもその足しになれたらと願っています。

さて、最後になりましたが、SEとしてビジネスマンとしての基礎を叩きこんでくれた会社の諸先輩方や切磋琢磨できた同僚・後輩の皆さま、データAIの部署として一緒に取り組んできた仲間の皆さま、1年間のデータサイエンティストの修行先としてお世話になったギックス社の皆さま、右も左も分からないままギックス社に一緒に一期生として修行に出され、データ活用とはいかにあるべきかと日々議論を交わしてきた同志・戦友でもある共著者の横田さん、旅行やら観劇やらごはんやら仕事や執筆の合間にいろいろと誘ってくれてリフレッシュの時間を作ってくれた友人たち、そして遅筆にもかかわらずそれに辛抱強く付き合っていただいたリックテレコムの松本さんをはじめとしたご担当者の皆さま、いろんな皆さまのおかげで本書を書き上げ、知見として残すことができました。この場を借りまして改めてお礼申し上げます。

　そして最後に。「もし、もう一度子育てができるのであれば、今ならもっとうまくやれたのに」と先日語ってくれたのは私の母・好子です。「今や普通に会社に勤めて不自由ない暮らしをできているのだから、子育ては失敗ではないだろう」と素直に思ったままを返事しましたが、きっと母の頭の中には、「こうやったらうまくいった、こうやったら失敗した」というまさに過去の"データ"があって、それを思い起こしての発言でしょう。そういう意味では子育て情報は今やインターネットを検索すればいろんな人の知見（すなわち"データ"）が手に入る時代となりました。IT技術の進歩に伴いいろんな人による知見（データ）の共有が容易にできるようになったというのはやはり人類の1つ大きな進歩だと思います。しかし、そういう情報の入手が困難だった時代に、苦労しながらもここまで育ててくれた両親には感謝しかありません。というメッセージを残してこのあとがきを締めたいと思います。最後まで読んでいただきありがとうございました。

2025年1月　筆者を代表して　　河合　俊典

索 引

筆者プロフィール

河合 俊典 (かわい としのり)

富山県砺波市出身。2008年日本ユニシス株式会社 (現 BIPROGY株式会社) 入社後、SIerのSEとして、Webチケット予約サイト、SaaS型ドライブレコーダーサービスなどのシステム開発・保守を担当。その後、業務提携先のデータアナリティクス企業にてデータ分析業務を1年経験し、現在はデータ・ AIを活用したサービスの適用/提案/技術検証や社内データサイエンティスト育成を担当。

情報処理技術者ITストラテジスト試験、情報処理技術者プロジェクトマネージャ試験、データ分析実務スキル検定 (PM級)、JDLAディープラーニングG検定(2019#2)、合格。日本心理学会認定心理士、心理学検定特1級など、IT技術系以外の知見も保有し、心理学や行動経済学観点からのデータ分析を得意としている。

横田 賀恵 (よこた かえ)

2007年日本ユニシス株式会社 (現 BIPROGY株式会社) 入社。SEとして、電力事業者のシステム開発を担当した後、データサイエンティストとして自治体向けのデータに基づく政策立案を支援。上流からデータ活用を検討するプロジェクトを多数経験し、ビジネスとデータをつなぐノウハウを習得。現在、データ・ AI活用サービスの責任者およびデータサイエンティストとして、様々な業種のデータ活用プロジェクトや人材育成プロジェクトを推進。

ビジネス課題の発見と解決を導く──
データ分析 成功のセオリー

©河合俊典／横田賀恵 2025

2025年4月30日 第1版 第1刷発行	著　者	河合 俊典・横田 賀恵
	発 行 人	新関 卓哉
	企画担当	蒲生 達佳
	編集担当	松本 昭彦
	発 行 所	株式会社リックテレコム
		〒113-0034　東京都文京区湯島3-7-7
	振替	00160-0-133646
	電話	03 (3834) 8380 (代表)
	URL	https://www.ric.co.jp/
	装　　丁	河原 健人
	本 文 組 版	前川 智也
	印刷・製本	株式会社 平河工業社

定価はカバーに表示してあります。
本書の全部または一部について無断で複写・複製・転載・電子ファイル化等を行うことは著作権法の定める例外を除き禁じられています。

●訂正等

本書の記載内容には万全を期しておりますが、万一誤りや情報内容の変更が生じた場合には、当社ホームページの正誤表サイトに掲載しますので、下記よりご確認ください。

＊正誤表サイトURL
https://www.ric.co.jp/book/errata-list/1

●本書の内容に関するお問い合わせ

FAXまたは下記のWebサイトにて受け付けます。回答に万全を期すため、電話でのご質問にはお答えできませんのでご了承ください。

＊FAX：03-3834-8043

＊読者お問い合わせサイト：https://www.ric.co.jp/book/のページから「書籍内容についてのお問い合わせ」をクリックしてください。

●製本には細心の注意を払っておりますが、万一、乱丁・落丁 (ページの乱れや抜け) がございましたら、当該書籍をお送りください。送料当社負担にてお取り替え致します。

ISBN978-4-86594-439-6　　　　　　　　　　　　　　　　Printed in Japan